非成像光学系统设计方法与实例

苏宙平　编著

机 械 工 业 出 版 社

本书详细地介绍了一些典型的非成像系统的光学设计方法及案例，全书共 12 章，包含 LED 照明光学设计、太阳能集光系统的光学设计、激光扩束与整形光学系统设计等内容。LED 照明光学设计包括了 LED 窄光束光学系统设计、LED 均匀照明的光学系统设计、扩展 LED 光源的二次光学设计及平面 LED 阵列和球形 LED 阵列设计；太阳能集光系统的光学设计包括了用于太阳能聚光的菲涅耳透镜及反射式光学系统设计；激光扩束与整形光学系统设计包括了透镜扩束系统、棱镜扩束系统、自由曲面激光整形系统及微透镜阵列整形系统的设计。本书最后介绍了光学仿真软件 FRED 在非成像光学系统设计中的应用。全书紧紧围绕工程应用中的实际案例，探讨设计思想，介绍设计方法及设计过程。读者可以将本书中的案例，根据自己的设计要求稍微做改动就可以应用，极大地简化了设计过程。

本书适合光学工程、LED 照明、太阳能集光技术、激光加工、激光整形的高年级本科生、研究生及相关专业的工程技术人员和科研人员阅读。

图书在版编目（CIP）数据

非成像光学系统设计方法与实例/苏宙平编著 . —北京：机械工业出版社，2017. 11 （2024.6重印）

ISBN 978-7-111-58226-7

Ⅰ. ①非⋯   Ⅱ. ①苏⋯   Ⅲ. ①光学系统 – 系统设计   Ⅳ. ①TN202

中国版本图书馆 CIP 数据核字（2017）第 245598 号

机械工业出版社（北京市百万庄大街 22 号　邮政编码 100037）
策划编辑：刘星宁　责任编辑：刘星宁
责任校对：潘　蕊　封面设计：马精明
责任印制：邰　敏
北京富资园科技发展有限公司印刷
2024 年 6 月第 1 版第 6 次印刷
169mm × 239mm · 10 印张 · 186 千字
标准书号：ISBN 978 - 7 - 111 - 58226 - 7
定价：49.00 元

凡购本书，如有缺页、倒页、脱页，由本社发行部调换

电话服务	网络服务
服务咨询热线：010 – 88361066	机工官网：www.cmpbook.com
读者购书热线：010 – 68326294	机工官博：weibo.com/cmp1952
010 – 88379203	金书网：www.golden - book.com
封底无防伪标均为盗版	教育服务网：www.cmpedu.com

前　　言

非成像光学系统设计具有很广泛的应用价值，如照明中的光学设计、太阳能集光器设计、激光加工中的光束整形系统设计等。与成像光学系统有所不同，非成像光学系统很难通过商用的光学设计软件直接优化出最后的结果。究其原因如下：①非成像光学系统很难找到现成的初始结构；②非成像光学系统如照明系统需要计算辐照度分布，这需要追迹几十万甚至上百万条光线，因此优化速度会很慢，很难得到最佳的结果。尽管这样，大部分的从业人员都是使用商用的软件，通过反复调试的方法来得到一个设计结果，这种试错的方法非常耗时，而且很难取得满意的结果。本书总结了一些典型的非成像光学系统，针对每种非成像光学系统的设计思想、设计方法及设计过程进行了详细的介绍，并给出了设计案例。读者在掌握每种系统设计方法之后，使用相应的算法，只要修改一些参数，就能设计出自己想要的系统，这对读者完成相关的设计将起到有益的帮助。本书适合光学工程、LED 照明、太阳能集光技术、激光加工、激光整形的高年级本科生、研究生及相关专业的工程技术人员和科研人员阅读。

本书共 12 章，包含 LED 照明光学设计、太阳能集光系统的光学设计、激光扩束与整形光学系统设计等内容。LED 照明、太阳能利用属于新能源领域，激光扩束与整形在激光加工中有重要的应用，属于先进加工与制造领域，这些领域都是"十三五"期间国家重点规划的领域。全书紧紧围绕工程应用中的实际案例，总结了非成像领域近些年来的一些新的研究成果，归纳出了非成像领域里面的一些普遍性和通用性的设计方法。书中针对一些比较难的设计问题也进行了深入的探讨，如扩展 LED 光源的光学设计、发散激光光束的整形光学系统设计这些问题都具有很高的实际应用价值。

本书在编写过程中得到了讯技光电科技（上海）有限公司的大力支持，提供了本书第 12 章"基于 FRED 非成像光学设计案例"。感谢机械工业出版社的刘星宁先生在本书出版过程中给予的帮助。感谢我的学生彭亚蒙、李潇的帮助，也感谢参加我的光学设计课程的学生们，你们在课程中的反馈对本书内容的完善起到了重要的作用。

由于作者水平有限，加之编写时间紧张，书中难免有不妥甚至是错误之处，敬请读者批评指正。

作者

目　　录

第 1 章　LED 窄光束光学系统设计

　　LED 光源直接输出的光发散角比较大，在远距离照明的时候，能量比较分散，如图 1-1 所示，这样照射在目标面上的辐照度比较低，很难满足照明要求。因此将 LED 光源应用于手电筒，港口或码头用的信号投射灯，需要设计合理的二次光学系统以减小 LED 输出光的发散角。

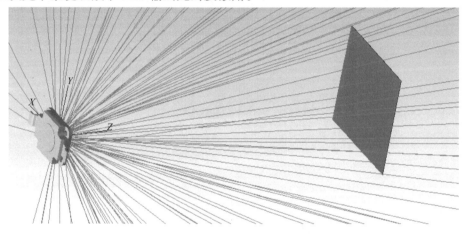

图 1-1　LED 直接照明目标面示意图

　　采用单个反光杯或者透镜都可以对 LED 光源进行准直。如果采用反光杯，对于发散角比较大的区域的光线可以很好地准直，而发散角比较小的区域的光线要照到反光杯上，需要把反光杯做得很深，导致了反光杯的体积很大，如图 1-2a 所示，

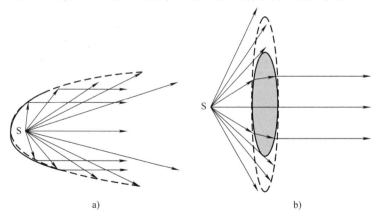

a)　　　　　　　　　　　　b)

图 1-2　单个反光杯或透镜对 LED 光源进行准直

使用起来不方便。如果采用透镜，小角度的区域的光线可以很好地准直，为使大角度光线能够照到透镜，透镜的口径要比较大，如图 1-2b 所示。

TIR（全内反射）透镜有效地将反射与透射结合起来，解决了上述提到的使用单个反光杯或单个透镜的缺点。TIR 透镜的结构如图 1-3 所示。TIR 透镜工作的基本原理都是将小角度区域的光采用透射式进行准直，大角度区域的光以反射式的方式进行准直。本章主要讨论图 1-3b 和 c 所示两种结构的 TIR 透镜设计。

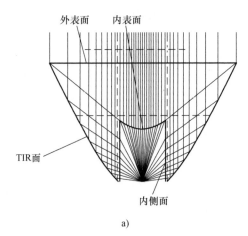

a)

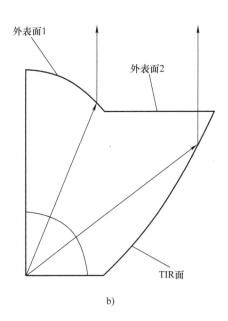

b)

图 1-3　几种典型的 TIR 透镜结构

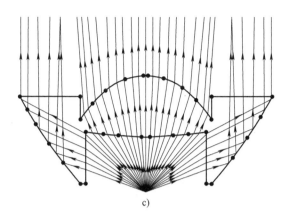

c)

图 1-3　几种典型的 TIR 透镜结构（续）

1.1　TIR 透镜（含双透射自由曲面）设计的基本原理

这部分将设计一个如图 1-3c 所示结构的自由曲面透镜，实现对 LED 输出光束的准直，针对透射光准直的内外表面均为自由曲面，针对反射光使用了 TIR 面进行准直。接下来将探讨 TIR 透镜的折射部分和反射部分的设计。这里使用的 LED 尺寸比较小，可以看作是点光源。这里使用的 LED 光源发光强度分布是旋转对称的，因此可以先设计一个二维（2D）结构，然后旋转对称得到透镜的三维（3D）模型。

1.1.1　折射部分自由曲面的设计

对于发散角比较小的光线采用折射式的准直系统，这里使用双自由曲面构成的透镜，如图 1-4 所示。光线从 O 点发出，按等角度间隔取一系列的采样光线，这些光线与光轴的夹角分别为 A_1，A_2，$\cdots$，A_i。这些光线与自由曲面 S_1 的交点为 e_1，e_2，$\cdots$，e_i，经过 S_1 折射后与自由曲面 S_2 的交点为 E_1，E_2，$\cdots$，E_i。透射部分由两个自由曲面 S_1 和 S_2 构成。S_1 面上各点坐标为 e_i（x_{1i}，y_{1i}），S_2 面上各点坐标为 E_i（x_{2i}，y_{2i}），e_1 点

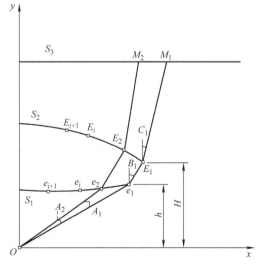

图 1-4　透射部分示意图

和 E_1 点的纵坐标分别为 $y_{11} = h$，$y_{21} = H$。其中下标中的第 1 个数字表示面的序号，而第 2 个数字表示该面上的坐标点的序号，以下规定类似。经过 S_1 折射后的光线与光轴夹角分别为 B_1，B_2，$\cdots$，B_i。经过 S_2 出射后的夹角分别为 C_1，C_2，$\cdots$，C_i。其中 C_i 按等角度依次递减，计算方法为 $C_i = C_1 - (i-1)\dfrac{(C_1 - 0)}{m}$，为了使最终输出的光发散角比较小，要求 $C_1 \leqslant 6°$。这里 $B_i = \xi(A_i + C_i)$，其中 ξ 为分角比例因子，关于 ξ 的选取将在后面讨论。S_3 面是一个目标面，位置可以任意选取，又因为 C_i 已知，所以 S_3 面的各点坐标容易获得。

构建 S_1 面和 S_2 面，就是获得 e_1，e_2，$\cdots$，e_i 以及 E_1，E_2，$\cdots$，E_i 一系列点的坐标过程，为了计算自由曲面 S_1 和 S_2 上任一个采样点的坐标，需要推导自由曲面上相邻两个采样点之间的迭代关系。如果这种迭代关系建立起来，知道 e_i 点就可以计算出 e_{i+1} 点，同理知道 E_i 点可以计算出 E_{i+1} 点。

先假设 e_i 点和 E_i 点的坐标已知，分别为 (x_{1i}, y_{1i}) 和 (x_{2i}, y_{2i})，如图1-5所示，光线 Oe_i 经过 e_i 点折射后，折射角为 B_i，e_i 点处的法线矢量为 N_{1i}，根据折射定律的矢量形式

$$[1 + n^2 - 2n(\mathbf{Out} \cdot \mathbf{In})]^{1/2} \cdot \mathbf{N} = \mathbf{Out} - n\mathbf{In} \qquad (1-1)$$

其中

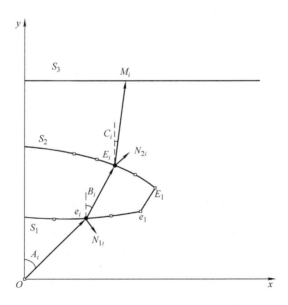

图1-5　过自由曲面上任意点的法向矢量计算示意图

$$\mathbf{Out}_{1i} = \left(\frac{(x_{2i} - x_{1i})}{\sqrt{(x_{2i} - x_{1i})^2 + (y_{2i} - y_{1i})^2}} \boldsymbol{i}, \ \frac{(y_{2i} - y_{1i})}{\sqrt{(x_{2i} - x_{1i})^2 + (y_{2i} - y_{1i})^2}} \boldsymbol{j} \right)$$

$$\mathbf{In}_{1i} = \left(\frac{x_{1i}}{\sqrt{x_{1i}^2 + y_{1i}^2}} \boldsymbol{i}, \ \frac{y_{1i}}{\sqrt{x_{1i}^2 + y_{1i}^2}} \boldsymbol{j} \right) \qquad (1\text{-}2)$$

$$\boldsymbol{N}_{1i} = (-\mathrm{d}y\boldsymbol{i}, \ \mathrm{d}x\boldsymbol{j})$$

可以求得过 e_i 点的切线的斜率为

$$k_{1i} = \cfrac{\cfrac{n(x_{2i} - x_{1i})}{\sqrt{(x_{2i} - x_{1i})^2 + (y_{2i} - y_{1i})^2}} - \cfrac{x_{1i}}{\sqrt{x_{1i}^2 + y_{1i}^2}}}{\cfrac{y_{1i}}{\sqrt{x_{1i}^2 + y_{1i}^2}} - \cfrac{n(y_{2i} - y_{1i})}{\sqrt{(x_{2i} - x_{1i})^2 + (y_{2i} - y_{1i})^2}}} \qquad (1\text{-}3)$$

同样也可以求得过 E_i 点的切线的斜率为

$$k_{2i} = \cfrac{\cfrac{(x_{3i} - x_{2i})}{\sqrt{(x_{3i} - x_{2i})^2 + (y_{3i} - y_{2i})^2}} - \cfrac{n(x_{2i} - x_{1i})}{\sqrt{x_{2i}^2 + y_{2i}^2}}}{\cfrac{n(y_{2i} - y_{1i})}{\sqrt{x_{2i}^2 + y_{2i}^2}} - \cfrac{(y_{3i} - y_{2i})}{\sqrt{(x_{3i} - x_{2i})^2 + (y_{3i} - y_{2i})^2}}} \qquad (1\text{-}4)$$

目标面 S_3 上 M_i 点的坐标为 (x_{3i}, y_{3i})。

接下来构建 S_1 面上相邻采样点 e_i 和 e_{i+1} 之间的迭代关系。如图 1-6 所示，当获得 e_i 点的坐标 (x_{1i}, y_{1i}) 以后，如果 S_1 面上采样点的数量比较多，过 e_i 点的切线与从 O 点出射的第 $i+1$ 条采样光线的交点可近似为 e_{i+1} 点。过 e_i 点的切线的斜率可以用 e_i 和 e_{i+1} 的坐标来表示为

$$k_{1i} = \frac{y_{1i+1} - y_{1i}}{x_{1i+1} - x_{1i}} \qquad (1\text{-}5)$$

e_{i+1} 点位于从 O 点出射的第 $i+1$ 条采样光线上，所以满足

$$x_{1i+1} = y_{1i+1} \tan(A_{i+1}) \qquad (1\text{-}6)$$

联立式 (1-5) 和式 (1-6) 可以得到

$$y_{1i+1} = \frac{k_{1i} x_{1i} - y_{1i}}{[k_{1i} \tan(A_{i+1}) - 1]} \qquad (1\text{-}7)$$

$$x_{1i+1} = \frac{k_{1i} x_{1i} - y_{1i}}{[k_{1i} \tan(A_{i+1}) - 1]} \tan(A_{i+1}) \qquad (1\text{-}8)$$

从式 (1-7) 和式 (1-8) 可以看出 e_{i+1} 点的坐标可以用 e_i 点的坐标 $(x_{1i},$

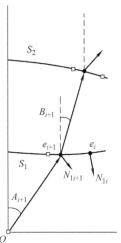

图 1-6　曲面 S_1 上相邻两采样点迭代关系计算示意图

y_{1i}）、过 e_i 点的切线斜率 k_{1i} 以及第 $i+1$ 条采样光线与 LED 光源的法向夹角 A_{i+1} 来计算。

这样就建立起来了曲面 S_1 上相邻采样点 e_i 和 e_{i+1} 之间的迭代关系，知道曲面上任意点 e_i 就可以得到相邻点 e_{i+1}。在透镜设计的初始条件中 e_1 点的坐标就确定了（见图 1-4），这样利用迭代关系式（1-7）和式（1-8）可以计算出曲面 S_1 上所有点的坐标。

当获得了曲面 S_1 上所有点的坐标之后，接下来推导曲面 S_2 上相邻两个采样点 E_i 和 E_{i+1} 之间的迭代关系。假设 E_i 如图 1-7 所示，从 O 点出射的第 $i+1$ 条光线 Oe_{i+1} 经曲面 S_1 折射后与过 E_i 点的切线的交点可看作是 E_{i+1}。过 E_i 点的切线率可用式（1-4）获得，该斜率也可用 E_i 点和 E_{i+1} 的坐标表示为

$$k_{2i} = \frac{y_{2i+1} - y_{2i}}{x_{2i+1} - x_{2i}} \tag{1-9}$$

光线 $e_{i+1}E_{i+1}$ 的斜率可以用 E_{i+1} 和 e_{i+1} 坐标表示为

$$\cot(B_{i+1}) = \frac{y_{2i+1} - y_{1i+1}}{x_{2i+1} - x_{1i+1}} \tag{1-10}$$

联立式（1-9）和式（1-10）可以得到

$$x_{2i+1} = \frac{y_{2i} - y_{1i+1} + \cot(B_{i+1}) x_{1i+1} - k_{2i} x_{2i}}{\cot(B_{i+1}) - k_{2i}} \tag{1-11}$$

$$y_{2i+1} = \frac{k_{2i}[y_{2i} - y_{1i+1} + \cot(B_{i+1}) x_{1i+1} - k_{2i} x_{2i}]}{\cot(B_{i+1}) - k_{2i}} - k_{2i} x_{2i} + y_{2i} \tag{1-12}$$

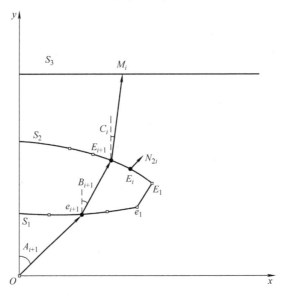

图 1-7   曲面 S_2 上相邻两个采样点迭代关系计算示意图

从式（1-11）和式（1-12）可以看出 E_{i+1} 点的坐标可以用 E_i 点的坐标 $(x_{2i},\ y_{2i})$、e_{i+1} 点的坐标（x_{1i+1}，y_{1i+1}）、过 E_i 点的切线斜率 k_{2i} 以及光线 e_{i+1} E_{i+1} 与 LED 光源的法向夹角 B_{i+1} 来计算。这样就建立起来了曲面 S_2 上相邻采样点 E_i 和 E_{i+1} 之间的迭代关系，知道曲面上任意点 E_i 就可以得到相邻点 E_{i+1}。在透镜设计的初始条件中 E_1 点的坐标就确定了（见图 1-4），这样利用迭代关系式（1-11）和式（1-12）可以计算出曲面 S_2 上所有点的坐标。

1.1.2　反射部分自由曲面的设计

计算了透射部分的曲面轮廓之后，继续计算反射部分的曲面。如图 1-8 所示，小角度区域的光线经过折射透镜输出，而角度大的光线先入射到 S_4 面折射后到 S_5 面，经 S_5 面反射后，最终经 S_6 面出射，假设 S_6 面出射的光线都是平行于 y 轴。S_1 面的下面是个圆柱形的空腔，可以用来放 LED 光源。这里假设透射部分光线的角度范围为 $0 \sim A_1$，而反射部分的光线的角度区域为 $A_1 \sim P_1$，其中 A_1 为折射部分和反射部分的分界角（见图 1-9），P_1 为最下边缘的光线 OF_1 与 y 轴的夹角，该区域内的光线按等角度间隔进行采样，即任意一条采样光线 OF_t 与 y 轴夹角 P_t 都是已知的。第 t 条光线 OF_t 入射到 S_4 面上的 F_t 点的坐标为

$$x_{4t} = d, y_{4t} = d\tan(\frac{\pi}{2} - P_t) \tag{1-13}$$

式中，P_t 为光源发出的光线 OF_t 与 y 轴的夹角。如图 1-9 所示，这里 d 为圆柱形空腔的半径，$d = h\tan\alpha$，α 为折射部分和反射部分的分界角，即 $A_1 = \alpha$。h 为 e_1 点的纵坐标。

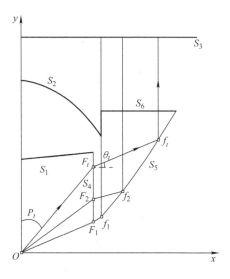

图 1-8　反射部分光路示意图

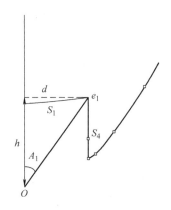

图 1-9　透镜的边界条件示意图

光线 OF_t 经过 S_4 面折射后照到了 S_5 面，根据折射定律

$$n_0 \sin\left(\frac{\pi}{2} - P_t\right) = n_1 \sin Q_t \tag{1-14}$$

式中，Q_t 为从 S_4 面出射的光线 $F_t f_t$ 与过 F_t 点法线矢量的夹角；n_0 和 n_1 分别为空气和介质的折射率。第 1 条光线 OF_1，经过 S_4 面折射后照到 S_5 面的起始点 f_1，要保证从 f_1 点出射的光线刚好通过 S_2 面边缘点，因此 f_1 的坐标为

$$x_{51} = x_{21}, \quad y_{51} = d \cot P_1 + (x_{21} - d) \tan Q_1 \tag{1-15}$$

如图 1-10 所示，光线 OF_t 经过 S_4 面折射后，入射到了 S_5 面上的 f_t（x_{5t}，y_{5t}）点，光线 $F_t f_t$ 的单位方向矢量为 $\boldsymbol{I}_{5t}$，当光线 $F_t f_t$ 入射到 S_5 面的 f_t 点上，经其反射之后的出射光线方向矢量为 $\boldsymbol{O}_{5t}$，矢量 $\boldsymbol{O}_{5t}$ 平行于 y 轴，曲面 f_t 点处的法向矢量为 $\boldsymbol{N}_{5t}$。$\boldsymbol{I}$、$\boldsymbol{O}$ 和 $\boldsymbol{N}$ 三者满足反射定律，即

$$\sqrt{2 - 2(\boldsymbol{O} \cdot \boldsymbol{I})} \cdot \boldsymbol{N} = \boldsymbol{O} - \boldsymbol{I} \tag{1-16}$$

$$\boldsymbol{I} = \left[\frac{(x_{5t} - x_{4t})\boldsymbol{i}}{\sqrt{(x_{5t} - x_{4t})^2 + (y_{5t} - y_{4t})^2}}, \frac{(y_{5t} - y_{4t})\boldsymbol{j}}{\sqrt{(x_{5t} - x_{4t})^2 + (y_{5t} - y_{4t})^2}} \right] \tag{1-17}$$

$$\boldsymbol{O} = [0, \boldsymbol{j}] \tag{1-18}$$

根据这个关系可以求出过 S_5 面上 f_t 点的切线斜率为

$$p_{5t} = \frac{\dfrac{(x_{5t} - x_{4t})}{\sqrt{(x_{5t} - x_{4t})^2 + (y_{5t} - y_{4t})^2}}}{1 - \dfrac{(y_{5t} - y_{4t})}{\sqrt{(x_{5t} - x_{4t})^2 + (y_{5t} - y_{4t})^2}}} \tag{1-19}$$

接下来构建 S_5 面上相邻采样点 f_t 和 f_{t+1} 之间的迭代关系。如图 1-10 所示，当获得 f_t 点的坐标（x_{5t}，y_{5t}）以后，如果 S_5 面上采样点的数量比较多，过 f_t 点的切线与从 F_{t+1} 点出射的第 $t+1$ 条采样光线的交点可近似为 f_{t+1} 点。过 f_t 点的切线的斜率可以用 F_t 和 f_t 的坐标来表示，如式（1-19）。

$F_{t+1} f_{t+1}$ 的斜率可表示为

$$m_{4,t+1} = \tan(Q_{t+1}) = \frac{y_{5,t+1} - y_{4,t+1}}{x_{5,t+1} - x_{4,t+1}} \tag{1-20}$$

过 f_t 点的切线的斜率为

$$p_{5,t} = \frac{y_{5,t+1} - y_{5,t}}{x_{5,t+1} - x_{5,t}} \tag{1-21}$$

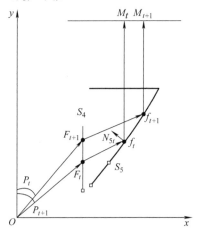

图 1-10   构建反射面上相邻两个坐标点之间的迭代关系

联立式 (1-20) 和式 (1-21) 可以得到

$$x_{5,t+1} = \frac{-y_{5,t} + y_{4,t+1} - m_{4,t+1}x_{4,t+1} + p_{5,t}x_{5,t}}{p_{5,t} - m_{4,t+1}} \quad (1\text{-}22)$$

$$y_{5,t+1} = p_{5,t}(x_{5,t+1} - x_{5,t}) + y_{5,t} \quad (1\text{-}23)$$

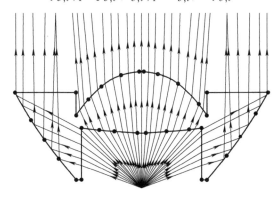

图 1-11　光学系统的二维轮廓

1.1.3　案例设计与分析

根据前面的设计理论，我们选取初始结构的参数，设计一个准直系统。设计过程中，选取的初始结构参数如下：分界角 $\alpha = 45°$，LED 最大发散角为 70°，分角比例因子 $\xi = 0.5$；e_1 点的纵坐标 $y_{11} = 4$，E_1 点的纵坐标 $y_{21} = 4.8$。

准直光学系统二维轮廓如图 1-11 所示，进行光线追击分析，可以看出经过光学系统以后光线准直性比较好。图 1-12 为光学系统的三维轮廓。

光线追击过程中使用的 LED 尺寸为 1mm × 1mm，是朗伯光源，其直接输出发光强度的配光曲线如图 1-13a 所示。从图上可以看出，发散角（半角）约为 60°（发光强度降为一半）。当 LED 光源发出的光线经过准直系统后，其发光强度配光曲线如图 1-13b 所示，可以看出，LED 发光的发散角（半角）减小到了约 3.8°。

图 1-12　光学系统的三维结构光线追击图

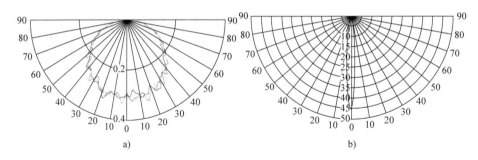

图 1-13　LED 输出光准直前和准直后的配光曲线

a）准直前　b）准直后

注：图中数据的单位为度（°）。

1.2　TIR 透镜（含单透射自由曲面）设计的基本原理

这部分将设计一个如图 1-3b 所示结构的自由曲面透镜，实现对 LED 输出光束的准直。这种结构的内表面采用了球面，透射部分的外表面用自由曲面，反射部分仍然是一个全反射的自由曲面，这种结构与图 1-3c 相比更为简单，加工起来也容易很多，具有更强的实用性。使用的 LED 尺寸比较小，可以看作是点光源。LED 光源发光强度分布是旋转对称的，因此可以先设计一个二维结构，然后旋转对称得到透镜的三维模型。

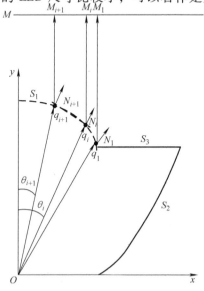

1.2.1　透射部分的外表面设计

因为透镜内表面为球面，LED 放在内球面的球心上，所以 LED 直接出射的光线经过内球面以后光线的方向不发生变化，因此在设计这个 TIR 透镜的时候只需要考虑外表面的设计问题，即图 1-14 中的 S_1 和 S_2。

从光源 O 点出射的采样光线按等角度间隔进行采样的，任意一条光线 Oq_i 与 y 轴的夹角为 θ_i，所以光线 Oq_i 的单位方向矢量为

图 1-14　TIR 透镜的 S_1 面的设计示意图

$$\boldsymbol{I}_{1i} = \left[\sin\theta_i \boldsymbol{i}, \cos\theta_i \boldsymbol{j}\right] \tag{1-24}$$

Oq_i 经过 S_1 面后以平行于 y 轴的方向出射，出射光线的单位方向矢量为

$$\boldsymbol{O}_{1i} = \left[\boldsymbol{0}, \boldsymbol{j}\right] \tag{1-25}$$

根据式（1-1）可以求得过 q_i 点的法向矢量为

$$\boldsymbol{N} = \left(\frac{-n\sin\theta_i}{\sqrt{1+n^2-2n\cos\theta_i}}\boldsymbol{i}, \frac{1-n\cos\theta_i}{\sqrt{1+n^2-2n\cos\theta_i}}\boldsymbol{j}\right) \tag{1-26}$$

从而可以求得过 q_i 点的切线的斜率为

$$k_i = \frac{n\sin\theta_i}{1-n\cos\theta_i} \tag{1-27}$$

过 q_i 点的切线的斜率又可以表示为

$$k_i = \frac{n\sin\theta_i}{1-n\cos\theta_i} = \frac{y_{i+1}-y_i}{x_{i+1}-x_i} \tag{1-28}$$

q_{i+1} 点的横纵坐标之间的关系满足

$$x_{i+1} = y_{i+1}\tan\theta_{i+1} \tag{1-29}$$

联立式（1-28）和式（1-29）可以得到

$$y_{i+1} = \frac{n\sin\theta_i x_i + (n\cos\theta_i-1)y_i}{(n\sin\theta_i\tan\theta_{i+1} + n\cos\theta_i-1)} \tag{1-30}$$

$$x_{i+1} = \frac{n\sin\theta_i x_i + (n\cos\theta_i-1)y_i}{(n\sin\theta_i\tan\theta_{i+1} + n\cos\theta_i-1)}\tan\theta_{i+1} \tag{1-31}$$

从式（1-30）和式（1-31）可以看出点 q_{i+1} 的坐标可以由 q_i 的坐标，以及光线 Oq_i 与 Oq_{i+1} 和 y 轴的夹角 θ_i 与 θ_{i+1} 来表示。所以一旦知道了 S_1 面上任意一点的坐标，就可以利用这个迭代关系求出下一点的坐标，通过不断的迭代可以求出 S_1 面上任意点的坐标，其中 S_1 面上第一点坐标 q_1 在初始条件中已给定。

1.2.2 反射部分的反射面设计

如图 1-15 所示，从光源 O 出射的光线与 x 轴夹角为 α_k，该光线入射到反射面 S_2 上的 p_k 点后，

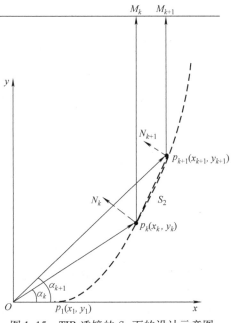

图 1-15 TIR 透镜的 S_2 面的设计示意图

以平行于 y 轴的方向出射，光线 Op_k 的单位方向矢量为

$$I_k = [\cos\alpha_k \boldsymbol{i}, \sin\alpha_k \boldsymbol{j}] \tag{1-32}$$

在 p_k 点反射后出射光线的单位方向矢量为

$$O_k = [0, \boldsymbol{j}] \tag{1-33}$$

利用反射定律的矢量形式［式（1-16）］，可以求得过 p_k 点的法向矢量

$$N_k = \left(\frac{-\cos\alpha_k}{\sqrt{2-2\sin\alpha_k}}\boldsymbol{i}, \frac{1-\sin\alpha_k}{\sqrt{2-2\sin\alpha_k}}\boldsymbol{j} \right) \tag{1-34}$$

这样可以计算过 p_k 点的切线的斜率为

$$m_k = \frac{\cos\alpha_k}{1-\sin\alpha_k} \tag{1-35}$$

过 p_k 点的切线的斜率又可以表示为

$$m_k = \frac{\cos\alpha_k}{1-\sin\alpha_k} = \frac{y_{k+1}-y_k}{x_{k+1}-x_k} \tag{1-36}$$

过 p_{k+1} 点的横纵坐标满足

$$y_{k+1} = x_{k+1}\tan\alpha_{k+1} \tag{1-37}$$

联立式（1-36）和式（1-37）可以得到

$$x_{k+1} = \frac{(1-\sin\alpha_k)y_k - \cos\alpha_k x_k}{(1-\sin\alpha_k)\tan\alpha_{k+1} - \cos\alpha_k} \tag{1-38}$$

$$y_{k+1} = \frac{(1-\sin\alpha_k)y_k - \cos\alpha_k x_k}{(1-\sin\alpha_k)\tan\alpha_{k+1} - \cos\alpha_k}\tan\alpha_{k+1} \tag{1-39}$$

对于反射面 S_2，初始条件中已给出了 p_1 点，利用上述相邻采样点之间的迭代关系，可以求出整个反射面上的所有采样点。

1.2.3　案例设计与分析

使用上述介绍的方法利用表 1-1 中的参数，设计一个 TIR 透镜，设计结果如图 1-16a ~ c 所示。

表 1-1　TIR 透镜参数

透镜材料的折射率	$n = 1.4935$
内球面的半径	$R = 8\text{mm}$
p_1 点的坐标	(10, 0)
反射区域的角范围	$0° \leq \alpha \leq 45°$（与 x 轴夹角）

对 TIR 透镜进行光线追迹之后如图 1-17b 所示，与 LED 直接输出的光图 1-17a 比较，发光角有了明显的减小。从图 1-18 中的配光曲线可以看出 LED 光源经过 TIR 透镜之后发散角压缩到了 3° 左右（半角）。

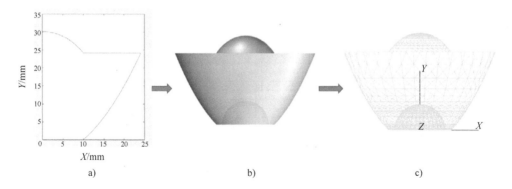

图 1-16　TIR 透镜的二维和三维轮廓及三维透视图

a）二维轮廓　b）三维轮廓　c）三维透视图

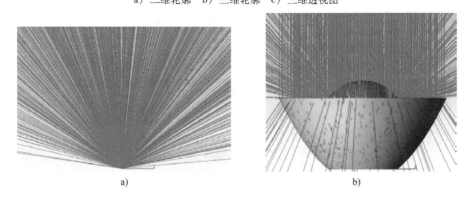

图 1-17　LED 光源直接输出的光和经过 TIR 透镜后出射的光

a）LED 光源直接输出的光　b）经过 TIR 透镜后出射的光

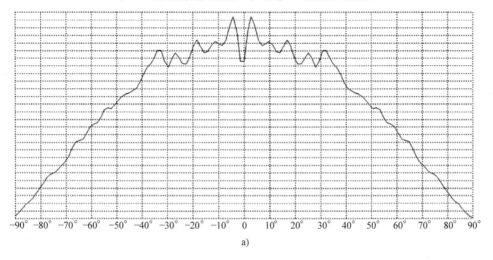

图 1-18　LED 光源直接输出光的配光曲线和经过 TIR 透镜后出射光的配光曲线

a）LED 光源直接输出光的配光曲线

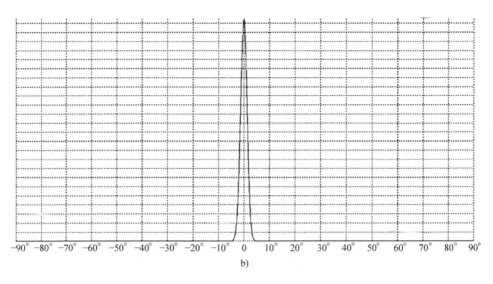

图 1-18　LED 光源直接输出光的配光曲线和经过 TIR 透镜后出射光的配光曲线（续）

b）经过 TIR 透镜后出射光的配光曲线

参 考 文 献

［1］苏宙平，阙立志，朱焯炜，等. 用于 LED 光源准直的紧凑型光学系统设计［J］. 激光与光电子学进展，2012，49（2）：022203.

［2］C.－C. Sun, W.－T. Chien, I. Moreno, et al. Analysis of the far－field region of LEDs［J］. Opt. Express, 2009, 17（16）：13918－13927.

［3］罗毅，张贤鹏，王霖，等. 半导体照明中的非成像光学及其应用［J］. 中国激光，2008，35（7）：963－971.

［4］Whang, Jong Woei, Y. Y. Chen, Y. T. Teng. Designing Uniform Illumination Systems by Surface－Tailored Lens and Configurations of LED Arrays［J］. Journal of Display Technology, 2009, 5（3）：94－103.

［5］Hao Xiang, Zheng Zhenrong, Liu Xu, et al. Freeform surface lens design for uniform illumination［J］. J. Opt. A：Pure Appl. Opt., 2008, 10（7）：075005.

［6］Kai Wang, Sheng Liu, Fei Chen. Freeform LED lens for rectangularly prescribed illumination［J］. J. Opt. A：Pure Appl. Opt., 2009, 11（10）：105501.

第 2 章   实现 LED 均匀圆形辐照度分布
自由曲面光学设计

在大多数情况下 LED 可以被看作是一个朗伯光源，其发光强度分布的表达式如下：

$$I(\theta) = I_0 \cos^m \theta \qquad (2\text{-}1)$$

式中，θ 是视角；I_0 是垂直于光源面的法线方向的发光强度分布；m 取决于半角宽度 $\theta_{1/2}$ ［见式 (2-2)］，$\theta_{1/2}$ 定义为发光强度降为法线方向的一半时的视角。

$$m = \frac{-\ln 2}{\ln(\cos\theta_{1/2})} \qquad (2\text{-}2)$$

所以当 LED 直接照明目标面上，目标面的辐照度分布是不均匀的，然而很多照明场景需要辐照度分布是均匀的如 LED 阅读灯，因此需要通过设计二次光学来调控 LED 的光分布，使其在目标面上产生均匀圆形的辐照度分布。二次光学系统可以使用透镜也可以使用反光杯，下面将讨论用于实现 LED 均匀圆形辐照度分布的自由曲面透镜和自由曲面反光杯的设计。

2.1   实现 LED 均匀圆形辐照度分布自由曲面透镜设计

图 2-1 是用于设计在目标面上产生 LED 圆形光斑均匀辐照度分布的示意图，这里使用的 LED 光源都是尺寸比较小的光源，被看作是 LED 点光源。整个照明系统包括了 LED 点光源、自由曲面透镜以及目标面三部分。透镜内表面为球面，LED 放置于内表面球心处，因此 LED 光源发出的光经过透镜内表面后光线不发生改变，设计时仅需考虑透镜外表面的设计，透镜的外表面为自由曲面。

选用的 LED 光源发光强度分布呈旋转对称分布，目标面上的辐照度分布也是呈旋转对称分布，因此自由曲面透镜的结构必然也是旋转对称结构。故而对旋转对称自由曲面透镜的设计，只需设计一条透镜母线，通过旋转就得到了透镜的实体模型。这样设计就转化成了一个二维设计问题了。实现 LED 在目标面辐照度均匀分布的透镜设计思路如图 2-2 所示，将 LED 光源按等光通量进行划分，将目标面按等面积进行划分，控制每一份光通量入射到对应的面积元上，这样目标面上将会产生均匀的辐照度分布。

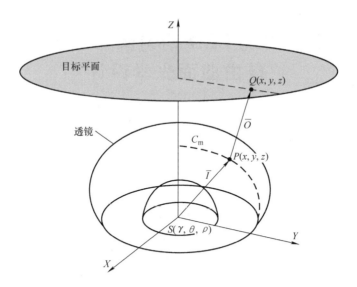

图 2-1   圆形光斑均匀照明系统

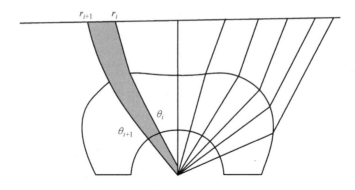

图 2-2   自由曲面调控光分布的示意图

2.1.1   实现 LED 均匀圆形辐照度分布自由曲面透镜设计过程

1. 等分光通量与目标面

将 LED 光源光能量空间分布划分为 N 份等光通量的圆环能量单元，如图2-3a 所示。

从图 2-3a 中取一个环带状的面积元，如图中阴影所示，该面积元的面积为

$$dS = 2\pi r\sin\theta rd\theta \tag{2-3}$$

该面积元对应的立体角为

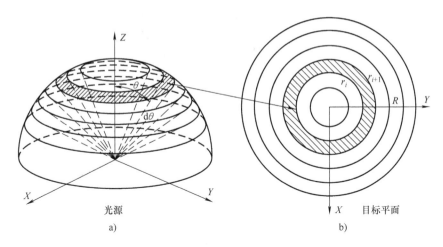

图 2-3　LED 光源与目标面划分及对应关系

a) 将光源按等光通量划分　b) 将目标面按等面积划分

$$\mathrm{d}\Omega = \frac{\mathrm{d}S}{r^2} = 2\pi\sin\theta\mathrm{d}\theta \tag{2-4}$$

阴影区与内外环和方向之间构成的锥角分别为 θ_i 和 θ_{i+1}，该区域内的光通量为

$$\Phi_0 = \int I(\theta)\mathrm{d}\Omega = 2\pi\int_{\theta_i}^{\theta_{i+1}} I(\theta)\sin\theta\mathrm{d}\theta \tag{2-5}$$

式中，$I(\theta)$ 为 LED 光源发光强度分布，这里 LED 点光源呈完美朗伯分布：

$$I(\theta) = I_0\cos\theta \tag{2-6}$$

LED 光源的总光通量 Φ_t 为

$$\Phi_\mathrm{t} = 2\pi\int_0^{\frac{\pi}{2}} I(\theta)\sin\theta\mathrm{d}\theta \tag{2-7}$$

将 LED 光源的光通量等分为 N 份，则有

$$2\pi\int_{\theta_i}^{\theta_{i+1}} I(\theta)\sin\theta\mathrm{d}\theta = \frac{\Phi_\mathrm{t}}{N} = \frac{2\pi}{N}\int_0^{\frac{\pi}{2}} I(\theta)\sin\theta\mathrm{d}\theta \tag{2-8}$$

式中，θ_i 为等分 LED 光源光通量的采样光线角度，如图 2-2 所示。已知 $\theta_0 = 0$，通过迭代关系式 (2-8) 可计算出每一个等分角 θ_i，这样可以得到了 LED 光源出射光线的采样角。

假设目标面的半径 R，将目标面划分为 N 个等面积同心圆环如图 2-3b 所示，设每个圆环的半径为 r_i（$i = 0,1,\cdots,N-1$），其中 $r_0 = 0$，每个面积单元的面积为 S_0：

$$S_0 = \pi r_{i+1}^2 - \pi r_i^2 = \frac{\pi R^2}{N} \quad (i = 0,1,2,3,\cdots,N-1) \tag{2-9}$$

这样得到每个圆环半径

$$r_i = R\sqrt{\frac{i}{N}} \ (i = 0, \ 1, \ \cdots, \ N) \tag{2-10}$$

2. 构建自由曲面透镜母线上相邻两个坐标点之间的迭代关系

如图 2-4 所示，控制每条采样光线入射到目标面上对应的采样点，如 OP_i 入射到 T_i，T_i 对应的采样半径为 r_i，根据边缘光线的原理可以知道 OP_i 和 OP_{i+1} 之间的光线全部会入射到目标面 T_i 与 T_{i+1} 之间，这样控制等光通量入射到等面积上，目标面上就实现了均匀辐照度分布。

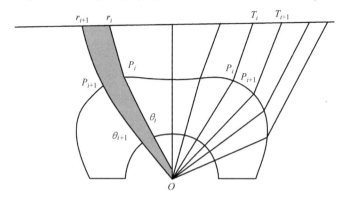

图 2-4　辐照度分布均匀化的示意图

接下来计算透镜母线上的每个采样点，首先来确定一些初始条件，以光源的位置为坐标原点，光源距目标面的距离为 H，透镜的外表面的中心点 P_0 的高度为 h，如图 2-5 所示。透镜内表面为球面，不影响光线的传播方向，所以图 2-5 只画出了外表面。根据初始条件可以确定透镜中心点的坐标 P_0（$x_0 = 0$，$y_0 = h$），目标面的中心点坐标 T_0（$X_0 = 0$，$Y_0 = h$）。这样第一条入射光线的矢量 OP_0 可以确定，入射光线 OP_0 经过 P_0 点后入射到目标面上

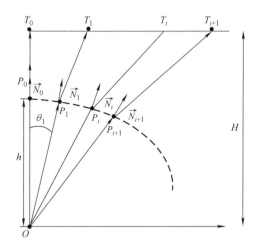

图 2-5　透镜母线上采样点计算示意图

的 T_0 点，这样出射光线矢量 P_0T_0 也可以获得。根据折射定律的矢量形式

$$\left[1 + n^2 - 2n(\textbf{Out} \cdot \textbf{In})\right]^{1/2} \cdot \textbf{N} = \textbf{Out} - n\textbf{In} \tag{2-11}$$

式中，$\mathbf{In} = \dfrac{OP_0}{|OP_0|}$，$\mathbf{Out} = \dfrac{P_0T_0}{|P_0T_0|}$ 均为单位矢量。这样可以求得过 P_0 点的法向矢量 N_0，从而可以获得过 P_0 点的切线。当采样点的数量比较多的时候，可以认为过 P_0 点的切线与第二条采样光线交于 $P_1(x_1, y_1)$ 点，这样可以得到过 P_0 点的切线斜率

$$k_0 = \frac{y_1 - y_0}{x_1 - x_0} \tag{2-12}$$

光线 OP_1 对应的出射角为 θ_1，有

$$\tan\theta_1 = \frac{y_1}{x_1} \tag{2-13}$$

联立式（2-12）、式（2-13）可以求得 $P_1(x_1, y_1)$。重复上述过程可以得到如下迭代关系：

$$k_i = \frac{y_{i+1} - y_i}{x_{i+1} - x_i} \tag{2-14}$$

$$\tan\theta_{i+1} = \frac{y_{i+1}}{x_{i+1}} \tag{2-15}$$

联立式（2-14）、式（2-15）之后可以得到相邻两个采样点之间的坐标迭代关系如下：

$$x_{i+1} = \frac{(k_i - \tan\theta_i)x_i}{(k_i - \tan\theta_{i+1})} \tag{2-16}$$

$$y_{i+1} = \frac{(k_i - \tan\theta_i)x_i}{(k_i - \tan\theta_{i+1})}\tan\theta_{i+1} \tag{2-17}$$

利用相邻两个点之间的迭代关系，这样就可以求出自由曲面透镜母线上所有采样点，从而可以构建自由曲面透镜的母线，如图 2-6a 所示。因为透镜呈旋转对称结构，所以将透镜母线绕对称轴旋转一周后得到自由曲面透镜如图2-6b所示。自由曲面透镜的内表面是球面，内表面的半径根据透镜的中心厚度来选定。对点光源，内球面的半径不影响目标面上的辐照度分布，以原点为球心构建一立体球，与透镜模型做布尔差，得到了最后的自由曲面透镜如图 2-6c 所示。

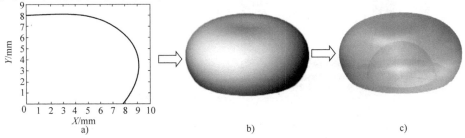

图 2-6　旋转对称自由曲面透镜构造过程

2.1.2 旋转对称自由曲面透镜设计实例

针对一个完美朗伯分布的 LED 光源设计一个旋转对称的自由曲面透镜，具体设计参数如表 2-1 所示，使用这些参数最后设计的自由曲面透镜如图 2-6c 所示。图 2-7a 为 LED 直接照在目标面上的辐照度分布和轮廓，可以看出辐照度分布很不均匀。当 LED 输出的光经过自由曲面透镜重新分布以后，目标面上辐照度分布非常均匀，如图 2-7b 所示，辐照度均匀度高达 92%。

表 2-1　旋转对称自由曲面透镜设计的主要指标与参数

LED 光源类型	完美朗伯分布
LED 光源面积	$1\,\text{mm} \times 1\,\text{mm}$
透镜材料	PMMA（$n = 1.4935$）
透镜高度	$h = 8\,\text{mm}$
光源距目标面距离	$H = 1\,\text{m}$
采样点数	800
光线追迹数量	100 万

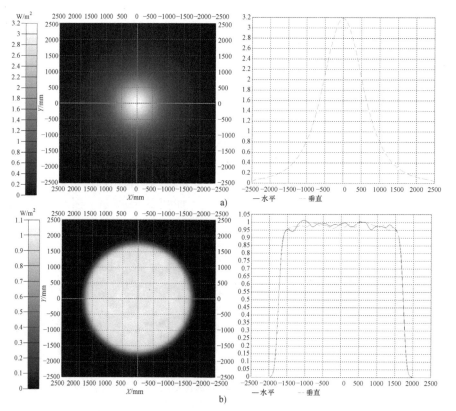

图 2-7　LED 点光源在 1m 远处接收平面上的辐照度分布和轮廓

a）LED 光源直接照明目标面　b）LED 光源经自由曲面透镜后照明目标面

2.2　实现 LED 均匀圆形光斑的自由曲面反光杯设计

2.2.1　LED 反光杯设计原理

使用自由曲面透镜可以实现 LED 在目标面上辐照度的均匀分布，使用反光杯也可以实现 LED 在目标面上的辐照度均匀分布。这里使用的 LED 光源仍然为旋转对称的 LED 光源，使用一个反光杯调控光分布，在目标面上实现辐照度均匀分布的圆形光斑。因此使用的 LED 反光杯也是呈旋转对称结构的，因此设计旋转对称的反光杯与前面设计旋转对称自由曲面透镜一样也是设计一条母线，通过旋转对称就可以得到反光杯的三维模型。

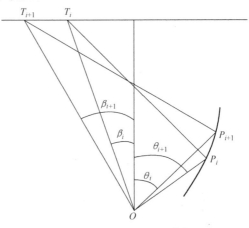

如图 2-8 所示，LED 出射的光通过两种方式入射到目标面上，一部分是直接照射到目标面上，如光线 OT_i 和 OT_{i+1} 都是直接照到目标面上；另一部分是通过反光杯反射之后入射到目标面上，如光线 OP_i 和 OP_{i+1} 入射到反光杯上，然后照到了目标面上的 T_i 和 T_{i+1}。LED 发光强度分布呈朗伯分布，直接照射到目标面上的光是中心区域辐照度高，而目标面边缘的辐照度比较低。所

图 2-8　反光杯调控 LED 光分布示意图

以经过反光杯反射的光要来弥补直接入射到目标面这部分光的辐照度分布的不均匀，反光杯反射发光强度分布比较强的区域到目标面的边缘，反射发光强度分布比较弱的区域到目标面的中心区域，这样直接入射到目标面上的光与通过反光杯入射到目标面上的光进行叠加，最终在目标面上产生均匀的辐照度分布。

图 2-9 为目标面上的辐照度分布，其中实线表示 LED 直接在目标面上产生的辐照度轮廓分布，通过优化设计反光杯，经过反光杯入射到目标面上的光在目标面上产生的辐照度分布如图中虚线所示，这两部分辐照度叠加在目标面上产生了均匀的辐照度分布。

2.2.2　LED 反光杯设计过程

1. 确定入射到反光杯上的采样光线及目标面上的采样半径

LED 反光杯设计原理如图 2-10 所示。LED 光源发光的最大出射角为 θ_{max}，

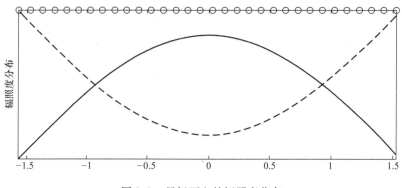

图 2-9　目标面上的辐照度分布

直接入射在目标面上的光线最大角度为 θ_s，所以 θ_s 是一个分界角，当角度小于该角度的光线可以直接入射到目标面上，大于该角度的光线会先入射到反光杯上，经过反光杯反射之后再入射到目标面上。目标面为一个圆形面，半径为 R。当 LED 光源为完美朗伯光源时，光源发光面法向的发光强度为 I_0，所以以 LED 光源出射的总光通量可由下式来计算：

$$\Phi = \int_0^{\theta_{\max}} 2\pi I_0 \sin\theta\cos\theta \mathrm{d}\theta$$

（2-18）

与图 2-3b 类似，将目标面按等面积分成 $n-1$ 份。每个面积元的面积为

$$\Delta S = \pi r_{i+1}^2 - \pi r_i^2 = \frac{\pi R^2}{n-1}$$

（2-19）

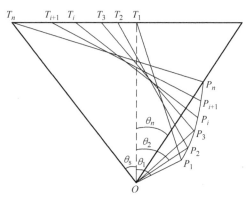

图 2-10　LED 反光杯设计原理

由式（2-19）可以获得所有采样半径。LED 直接入射目标面的部分光如图 2-11 所示，在目标面上产生了非均匀的辐照度分布，每个面积元上接收的光通量为

$$\Phi_{ei} = \int_{\beta_i}^{\beta_{i+1}} 2\pi I_0 \sin\beta\cos\beta \mathrm{d}\beta \qquad (2\text{-}20)$$

由于直接入射在目标面上的光产生的辐照度分布不均匀，为了最终目标面上产生均匀的辐照度分布，每个目标面上需要弥补的光通量不一样，第一个面积元（T_1，T_2 之间）上需要从反光杯上接收的光通量比较少，应该控制入射到反光杯最下面的光线入射到目标面的中心区域附近，如图 2-10 所示。如图 2-12 所示，

在目标面上 T_iT_{i+1} 区域辐照度分布取决于两部分，一部分是由 OT_i 和 OT_{i+1} 光直接入射到目标面上该区域，另一部分是 OP_i 和 OP_{i+1} 区域的光经过反光杯反射后入射到该区域。直接入射到该区域的光通量为 Φ_{ei} 可由式（2-20）计算，该区域的总光通量应该为 $\bar{E}\Delta S$，其中 $\bar{E}$ 为目标面上的平均辐照度（不考虑在反光杯上的光损失），由下式计算：

$$\bar{E} = \frac{\Phi}{\pi R^2} \tag{2-21}$$

式中，Φ 为 LED 光源辐射的总的光通量，可以由式（2-19）来计算。因此该区域内经过反光杯入射的光通量应为

$$\bar{E}\Delta S - \Phi_{ei} = \int_{\theta_i}^{\theta_{i+1}} 2\pi I_0 \sin\theta\cos\theta \mathrm{d}\theta \tag{2-22}$$

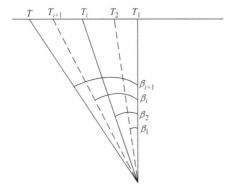

图 2-11　光源直接入射目标面上的光线

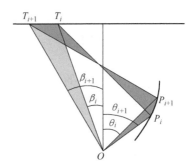

图 2-12　经过反光杯入射到目标
面上对应区域的光通量计算

通过式（2-22）可以获得入射到反光杯相邻两条光线之间采样角的迭代关系，即从 θ_i 求得 θ_{i+1}，其中 $\theta_1 = \theta_{\max}$，这样可以求得入射到反光杯上的 n 条采样光线出射角。

2. 计算反光板上相邻两个采样点之间的迭代关系

如图 2-13 所示，在计算反光杯的母线之前首先要设置反光杯的一些边界条件。假设反光杯上端口直径为 D，光源距离目标面的距离为 H，可以获得反光杯母线上边缘点的坐标 P_n (x_n, y_n)，其中 $x_n = D$，$y_n = \dfrac{D}{\tan\theta_s}$。从光源 O 点出射的光线经过 P_n 点反射后到达了目标面上的 T_n 点，入射光线和出射光线矢量分别为 $\boldsymbol{OP}_n$ 和 $\boldsymbol{P}_n\boldsymbol{T}_n$，根据反射定律矢量形式

$$\textbf{Out} - \textbf{In} = \left[2 - 2(\textbf{Out} \cdot \textbf{In})\right]^{1/2}\textbf{N} \tag{2-23}$$

这样可以求得过 P_n 点的法向矢量 N_n。过 P_n 点的切线与经过反光杯的第 $n-1$ 条采样光线交于 P_{n-1} 点。根据过 P_n 点的法向矢量 N_n，可以求得过 P_n 点的斜率 k_n，此外斜率 k_n 又可以表示为

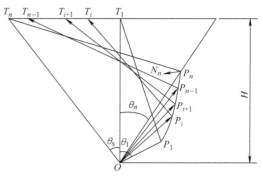

图 2-13 计算反光杯上任意采样点的示意图

$$k_n = \frac{y_n - y_{n-1}}{x_n - x_{n-1}} \quad (2\text{-}24)$$

光线 OP_{n-1} 对应的出射角为 θ_{n-1}，有

$$\tan\theta_{n-1} = \frac{y_{n-1}}{x_{n-1}} \quad (2\text{-}25)$$

由式（2-24）和式（2-25）联立可以求得 P_{n-1}（x_{n-1}，y_{n-1}）。当获得了 P_{n-1}（x_{n-1}，y_{n-1}）之后，继续求通过 P_{n-1} 点的法向矢量。从光源 O 点出射的光线经过 P_{n-1} 点反射后到达了目标面上的 T_{n-1} 点，入射光线和出射光线矢量分别为 OP_{n-1} 和 $P_{n-1}T_{n-1}$，再根据反射定律的矢量形式可以求得过 P_{n-1} 点的法向矢量 N_{n-1}，重复上面的过程就又可以求得 P_{n-2}（x_{n-2}，y_{n-2}）。任意相邻两个点之间都有以下的关系：

$$k_{i+1} = \frac{y_{i+1} - y_i}{x_{i+1} - x_i} \quad (2\text{-}26)$$

$$\tan\theta_i = \frac{y_i}{x_i} \quad (2\text{-}27)$$

可以建立相邻任意两个坐标点之间的迭代关系为

$$x_i = \frac{(y_{i+1} - k_{i+1}x_{i+1})}{(\tan\theta_i - k_{i+1})} \quad (2\text{-}28)$$

$$y_i = \frac{(y_{i+1} - k_{i+1}x_{i+1})}{(\tan\theta_i - k_{i+1})}\tan\theta_i \quad (2\text{-}29)$$

根据 P_{i+1} 算出 P_i，这样可以计算反光板母线上的所有点的坐标，获得反光杯母线，通过旋转对称可以获得自由曲面反光杯的实体模型。

2.2.3 LED 反光杯设计实例

使用上述的设计方法，设计一个旋转对称的反光杯，具体的设计参数如下：目标面的半径 $R=150\text{mm}$，光源与目标面之间的距离 $H=300\text{mm}$，反光杯的出口半径 $r=50\text{mm}$，反光杯内表面为理想反射面（反射率为 100%）。使用这些参数，设计的反光杯如图 2-14a 所示，通过光线追迹之后目标面上的辐照度分布和轮廓

如图 2-14b、c 所示。计算目标面上的辐照度分布均匀度（有效区域内的平均值与最大值之比）可以达 93%。

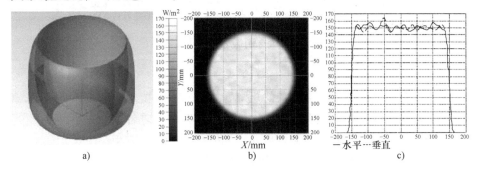

a)　　　　　　　　　　　　b)　　　　　　　　　　　　c)

图 2-14　反光杯实体模型及 LED 光源经过反光杯后在目标面上的辐照度分布和轮廓

a) 反光杯实体模型　b) 目标面上辐照度分布　c) 目标面上的辐照度轮廓

参 考 文 献

[1] Y. Ding, X. Liu, Z. R. Zheng, et al. Freeform LED lens for uniform illumination [J]. Optics Express, 2008, 16 (17): 12958 – 12966.

[2] 王恺. 大功率 LED 封装与应用的自由曲面光学研究 [D]. 武汉：华中科技大学, 2011.

[3] 冉景. 基于逆向反馈优化方法的 LED 自由曲面透镜设计与研究 [D]. 武汉：华中科技大学, 2011.

[4] 丁毅, 顾培夫. 实现均匀照明的自由曲面反射器 [J]. 光学学报, 2007, 27 (3): 540 – 544.

[5] 苏宙平, 阙立志, 朱焯炜, 等. 用于 LED 光源准直的紧凑型光学系统设计 [J]. 激光与光电子学进展, 2012, 49 (2): 022203.

[6] 高培丽. 光形限定的照明光学设计研究 [D]. 无锡：江南大学, 2016.

第3章　实现 LED 均匀矩形辐照度分布
自由曲面光学设计

　　在一些照明设计中，产生均匀的矩形光斑分布是必要的。如图 3-1 所示，如果要照明路面，使用圆形光斑必然有一部分光照在路面之外，使用矩形的光分布可以使大部分的光都照在路面上，提高了光的利用效率。对于一个发光强度分布呈旋转对称的 LED 光源，要使其在目标面上产生一个均匀的辐照度分布的矩形光斑，则设计的透镜必然是一个非旋转对称的透镜。本章将讨论这种非旋转对称的自由曲面透镜的设计方法。

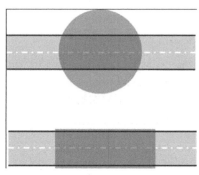

图 3-1　矩形光斑与圆形光斑的比较

3.1　用于产生均匀辐照度分布矩形光斑的自由曲面透镜设计

　　如图 3-2 所示，设计的思路就是将光源按空间立体角按等光通量进行划分，将矩形目标面按等面积划分，如图 3-2a 所示，控制每份光通量入射到目标面上对应的网格区域，这样在等面积的区域获得了等面积的光通量，所以目标面上产生了均匀的辐照度分布。设计自由曲面透镜就是通过控制自由曲面的面形来控制光源上某个立体角内的光通量入射到目标面上的对应区域的网格内，如图 3-2b 所示。

3.1.1　将光源按等光通量进行划分

　　将 LED 光源空间立体角分为 $M \times N$ 份，通过合理划分立体角，使每个立体角内有相同的光通量。这里先介绍一下立体角的计算，如图 3-3 所示，以坐标原

点为球心构建一个半径为 r 的球面，球面中的阴影部分面积为

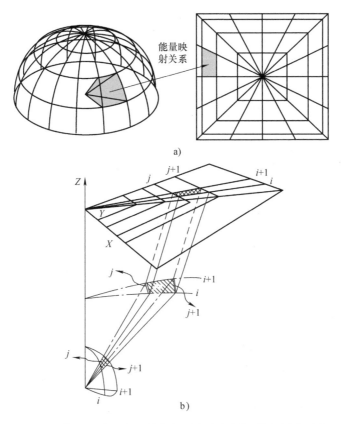

图 3-2　使 LED 光源产生均匀辐照度分布的矩形光斑原理图

$$\mathrm{d}S = r\sin\theta\,\mathrm{d}\gamma r\mathrm{d}\theta = r^2\sin\theta\,\mathrm{d}\theta\,\mathrm{d}\gamma \tag{3-1}$$

该阴影面积对球心 O 点所围成的立体角为

$$\mathrm{d}\Omega = \frac{\mathrm{d}S}{r^2} = \sin\theta\,\mathrm{d}\theta\,\mathrm{d}\gamma \tag{3-2}$$

因为 LED 在目标面上要产生的光斑分布是矩形光斑，是一个 1/4 对称结构，所以设计的自由曲面透镜也必然是一个 1/4 对称的透镜。故在本设计中可先只考虑光源的 1/4 部分与矩形目标平面 1/4 部分之间的对应关系，之后再将所设计部分进行镜像对称即可。因此将光源按立体角进行等能量划分时只需要考虑 1/4 光源部分如图 3-4 所示，将 LED 光源 1/4 部分的能量按立体角分为 $M \times N$ 份，沿着纬线方向将空间划分为 M 份，沿经线方向将空间再划分为 N 份，任意相邻两条纬线和任意相邻两条经线围成一定的面积，该面积对应区域与球心围成一个立体角（见图 3-4 阴影区域），合理控制立体角的大小，使每个立体角内的光通量

相等。

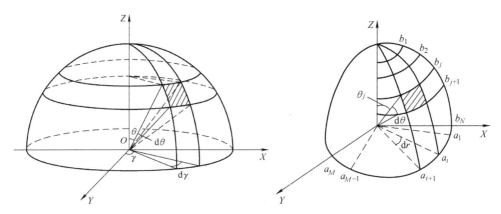

图 3-3　空间立体角的计算原理图　　　图 3-4　LED 光源按立体角
进行等能量划分

该阴影区域所对应的立体角内的光通量可以由下式来计算：

$$\Phi_0 = \int I(\theta)\,\mathrm{d}\Omega = \int_{\gamma_i}^{\gamma_{i+1}}\mathrm{d}\gamma\int_{\theta_j}^{\theta_{j+1}}I(\theta)\sin\theta\mathrm{d}\theta \tag{3-3}$$

式中，$I(\theta)$ 为 LED 的发光强度分布，这里为完美朗伯光源，故 $I(\theta)=I_0\cos\theta$。

LED 光源的总光通量（1/4 部分）Φ_t 为

$$\Phi_t = \int_0^{\frac{\pi}{2}}\mathrm{d}\gamma\int_0^{\frac{\pi}{2}}I(\theta)\sin\theta\mathrm{d}\theta = \frac{\pi}{2}\int_0^{\frac{\pi}{2}}I(\theta)\sin\theta\mathrm{d}\theta \tag{3-4}$$

沿着纬线方向将空间按等角间隔分为 M 份，即相邻经线之间的角间隔为 $\Delta\gamma = \dfrac{\pi}{2M} = \gamma_{i+1}-\gamma_i$（$i=0$，1，2，…，$M-1$），沿经线方向将其划分为 N 份，经线上任一个分割点与球心之间的连线可以作为一条采样光线，该采样光线与 Z 方向的夹角 θ_j 需要通过计算来求得。由于 LED 光源能量被等分为 $M\times N$ 份，每个立体角内的光通量为

$$\Phi_0 = \frac{\Phi_t}{MN} \tag{3-5}$$

联立式（3-3）、式（3-4）和式（3-5）可以得到

$$\int_{\gamma_i}^{\gamma_{i+1}}\mathrm{d}\gamma\int_{\theta_j}^{\theta_{j+1}}I(\theta)\sin\theta\mathrm{d}\theta = \frac{\displaystyle\int_0^{\frac{\pi}{2}}\mathrm{d}\gamma\int_0^{\frac{\pi}{2}}I(\theta)\sin\theta\mathrm{d}\theta}{MN} \tag{3-6}$$

进一步化简可以得到

$$\sin^2\theta_{j+1} = \sin^2\theta_j + \frac{1}{N} \tag{3-7}$$

由式（3-7）可计算得到每一条采样光线与 Z 方向的夹角 θ_j。这样将 LED 光源按等光通量划分为 $M \times N$ 份。将光源按等光通量划分以后，每一个分割点的坐标都可知，如第 i 条经线与第 j 条纬线的交点坐标为（$\sin\theta_j\cos\gamma_i$，$\sin\theta_j\sin\gamma_i$，$\cos\theta_j$）。

这样可以连接球心 O 点与每个分割点作为采样光线，这些采样光线可以用单位矢量（$\sin\theta_j\cos\gamma_i\mathbf{i}$，$\sin\theta_j\sin\gamma_i\mathbf{j}$，$\cos\theta_j\mathbf{k}$）来表示。

3.1.2 将目标面按等面积进行划分

如图 3-5 所示，采用辐射划分法将目标面等分为 $M \times N$ 份。设矩形目标面长和宽分别为 a 和 b，则其面积 $S = ab$。划分过程中先将矩形平面划分为 N 个长宽比与大矩形长宽比相同的小矩形，且使相邻矩形面积差相等，设第 i 个矩形的面积为 S_i，则有

$$S_i - S_{i-1} = \Delta S = S_1$$
$$S_i = iS_1 \quad (i = 1,\ 2,\ \cdots,\ N) \tag{3-8}$$
$$S_N = NS_1 = ab$$

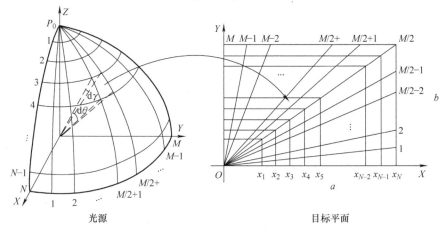

图 3-5 LED 光源与目标面划分及对应关系

式中，S_1 为最小矩形的面积。根据式（3-8）可以求出每个矩形的边长，设第 i 个矩形的边长分别为 x_i 和 y_i，满足下面的关系

$$\frac{x_i}{x_N} = \left(\frac{i}{N}\right)^{0.5},\ x_N = a$$
$$\frac{y_i}{y_N} = \left(\frac{i}{N}\right)^{0.5},\ y_N = b \tag{3-9}$$

所以可以求得每个矩形的边长为

$$x_i = \sqrt{\frac{i}{N}}a \ , \ y_i = \sqrt{\frac{i}{N}}b \tag{3-10}$$

如图 3-6 所示，将矩形分为 N 个矩形之后，原点 O 出发的 $M-1$ 条辐射线将矩形目标面分为 M 份。其中矩形目标面的对角线将矩形分为上半区和下半区，其中上半区和下半区分为 $M/2$ 份，射线与每个矩形的边有交点，这些交点将矩形的边长进行等分，但要注意横边的等分长度和纵边的等分长度是不一样的。可以计算射线与任意一个矩形边的交点坐标。这

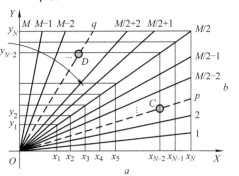

图 3-6　射线与矩形交点坐标的计算

里举个例子计算 D 点和 C 点的坐标。D 点位于上半区，且在第 $N-2$ 个矩形的横边上，所以 D 点的纵坐标很容易求出。

$$y_D = y_{N-2} = \sqrt{\frac{N-2}{N}}b \tag{3-11}$$

D 点位于第 q 条辐射线上，辐射线将该矩形的横边等分长度为 $\dfrac{2x_{N-2}}{M}$，故 D 点的横坐标为

$$x_D = \left(\frac{x_{N-2}}{\frac{M}{2}}\right)(M-q) \tag{3-12}$$

同理，可以求得 C 点坐标为

$$x_C = \sqrt{\frac{N-2}{N}}a \quad y_C = \left(\frac{y_{N-2}}{\frac{M}{2}}\right)p \tag{3-13}$$

这样将面积等分成 $M \times N$ 等面积单元，目标面上的这些等分点的坐标都可以计算出来。

3.1.3　自由曲面透镜的构建算法

将 LED 光源按等光通量划分为 $M \times N$ 份，同时将矩形目标面按等面积划分为 $M \times N$ 份，如何控制每个立体角内的光通量入射到目标面对应的网格区域内，这需要自由曲面透镜来进行控制。

1. 构造自由曲面透镜种子线

此步骤与圆对称自由曲面透镜母线构造方法相似。设种子线基准点为 P_0，此点即为透镜顶点 P_0 $(0,0,z_0)$。设该条种子线上任一点为 $P_{i,j}$，其中下标 i 表示

该点所在纬线数的序号，下标 j 表示该点所在经线数的序号，如图 3-7 所示。

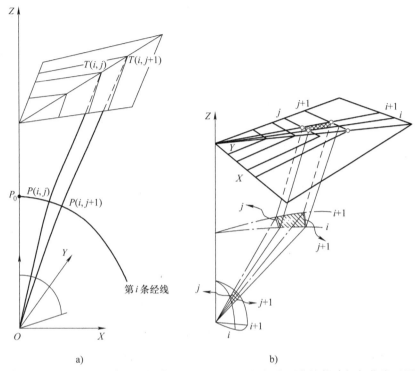

a)　　　　　　　　　　　　b)

图 3-7　自由曲面种子曲线的构建过程（图 a）和根据种子曲线构建相邻曲线（图 b）

当第 i 条经线上的 P（i，j）点确定后，入射光线 OP_{ij} 的单位矢量为

$$OP_{ij} = \left[\sin\theta_j \sin\gamma_i \boldsymbol{i}, \sin\theta_j \cos\gamma_i \boldsymbol{j}, \cos\theta_j \boldsymbol{k} \right] \tag{3-14}$$

当 OP_{ij} 经过 P（i，j）点折射到目标面上的 T（i，j）点时，出射光线的单位矢量为

$$O_{ij} = \frac{P_{ij}T_{ij}}{|P_{ij}T_{ij}|} \tag{3-15}$$

根据折射定律的矢量形式可以求得过 P（i，j）点的法向矢量 N_{ij}。

过 P（i，j）点的切线与下一条光线 OP_{ij+1}（γ_i，θ_{j+1}）交于 P（i，$j+1$）点，设该点到原点的距离为 R_{ij+1}，这样 P（i，$j+1$）点的坐标可以表示为

$$\begin{aligned}
x_{ij+1} &= R_{ij+1} \sin\theta_{j+1} \cos\gamma_i \\
y_{ij+1} &= R_{ij+1} \sin\theta_{j+1} \sin\gamma_i \\
z_{ij+1} &= R_{ij+1} \cos\theta_{j+1}
\end{aligned} \tag{3-16}$$

此外过 P（i，j）点的切线为 $P_{ij}P_{ij+1}$，则必然有

$$P_{ij}P_{ij+1} \cdot N_{ij} = 0 \tag{3-17}$$

联立式（3-16）和式（3-17）可以求得 R_{ij+1}，从而求得 P（i，$j+1$）。利用上面的方法建立了同一条种子线上的相邻采样点之间的迭代关系，初始点即透镜的顶点坐标是已知的，所以从该点开始利用上面的关系重复迭代可以求得第 i 条经线上所有的采样点。

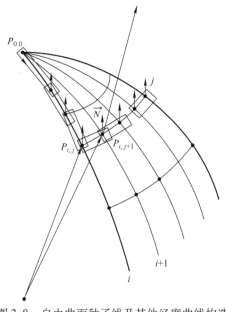

2. 构造自由曲面透镜其他经度曲线

如图 3-8 所示，当构造完自由曲面透镜第 i 条种子线时，需构造 $i+1$ 条曲线。当知道 P（i，j）以后来确定 $i+1$ 条经线上的第 j 个点的坐标 P（$i+1$，j），这两个点是在同一条纬线上，设计思路基本与构

图 3-8 自由曲面种子线及其他经度曲线构造

造种子曲线相同，过 P（i，j）点的切平面与下一条光线 $OP_{i+1j}(\gamma_{i+1},\theta_j)$ 的交点即为 P（$i+1$，j），这样可以根据 i 条种子线上的任意一点，求得 $i+1$ 条经线上的相同纬线上的点的坐标。当获得 $i+1$ 条经线上所有采样点重复上述过程就可以获得第 $i+2$ 条种子曲线，不断重复上述过程可以获得所有经度方向的曲线。

3. 自由曲面构造过程中的偏差控制

当通过步骤 1 得到透镜的第一条种子线后，可根据步骤 2 获得 1/4 透镜上的所有点，但此过程仅保证了纬度方向上相邻点在同一切平面，并不能保证同一经度上相邻点在同一切平面上，且由于整个过程都采用近似处理，导致了偏差逐步积累，使得后续计算得到的点的单位法向量与其真实单位法向量之间存在一个很大的偏差角 θ_d。此偏差角可由透镜表面上点的相对位置计算出来，如图 3-9 所示，通过步骤 2 中曲线构造方法，曲线 C_{i+1} 上的点可以从曲线 C_i 计算出来。计算出来的法向量在 P 点处为 N。当 P_1 点接近于 P 点时，P 点处的一个切向量可以表示为 $\vec{v_1} = \overrightarrow{PP_1}$。同样另一个切向量

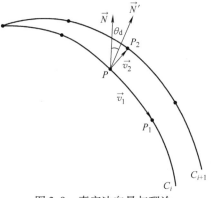

图 3-9 真实法向量与理论
计算法向量之间的偏差

$\overrightarrow{v_2} = \overrightarrow{PP_2}$。由此可计算出 P 点处的真实法向量 $\overrightarrow{N'}$ 为

$$\overrightarrow{N'} = \frac{\overrightarrow{v_1} \times \overrightarrow{v_2}}{|\overrightarrow{v_1} \times \overrightarrow{v_2}|} \tag{3-18}$$

则真实单位法向量与理论计算单位法向量的偏差角 θ_d 为

$$\theta_d = \arccos\left(\frac{\overrightarrow{N} \cdot \overrightarrow{N'}}{|\overrightarrow{N}||\overrightarrow{N'}|}\right) \tag{3-19}$$

为了控制这一偏差，设定偏差阈值角 θ_t，在计算过程中一旦计算出来的单位法向量与真实单位法向量的夹角大于偏差阈值角时，计算出来的经线视为无效，在该处按种子线的计算方法重新计算经线，这样能有效地控制经线计算过程的偏差。由于偏差控制的引入，使得重建的曲线与之前的曲线不连续，结果使这种不连续性引入到光学表面上。

4. 构造非连续自由曲面透镜

将计算得到的种子线点云在犀牛软件（CAD 建模软件）中构建成一个非连续的自由曲面，因为计算过程是针对光源的 1/4 区域，因此得到面形也是整个面形的 1/4，再用镜像命令构建出整个非连续自由曲面，透镜的内表面是以光源为球心的一个球面。将设计完成的自由曲面透镜进行光线追迹，模拟分析设计结果，如不满足要求，则对透镜设计过程中的透镜与目标面划分数、偏差阈值角等参数进行优化调整，直到满足或接近要求，完成设计。

3.2　非旋转对称的非连续自由曲面透镜设计案例

根据上文所述自由曲面透镜设计方法，设计了非圆对称非连续自由曲面透镜（见图 3-10），其中 N 取 500，M 取 64，透镜材料采用 PMMA，折射率 n 为 1.4935，透镜高度为 5.0mm，矩形长为 5m，宽为 4m，偏差阈值角 θ_t 为 3°。采用面积为 1mm×1mm LED 面光源，经过 100 万条光线追迹模拟后，其在 5.5m 远处目标面上的辐照度分布如图 3-11 所示。

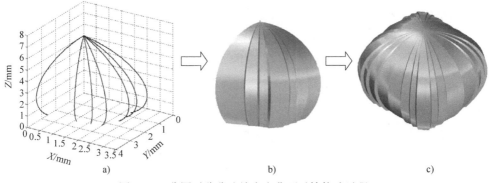

图 3-10　非圆对称非连续自由曲面透镜构造过程

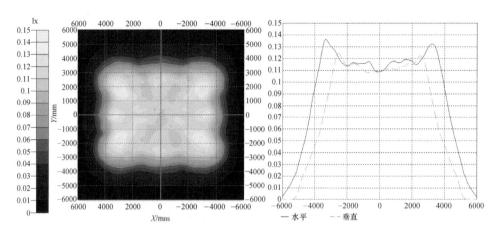

图 3-11   目标面辐照度分布（左图）和轮廓（右图）

模拟结果表明，所设计的矩形光斑照明系统出光率为 93.5%，在目标平面上 X 轴与 Y 轴方向的照度均匀度分别为 $U_X = 83.2\%$，$U_Y = 90.1\%$。由此可见此算法可以有效地设计出非圆对称非连续自由曲面透镜，基本达到了均匀照明的目的，能较好实现矩形均匀照明。

参 考 文 献

[1] Lin Wang, Keyuan Qian, Yi Luo. Discontinuous free-form lens design for prescribed irradiance [J]. Appl Opt, 2007: 3723.

[2] Y. Ding, X. Liu, Z. R. Zheng, et al. Freeform LED lens for uniform illumination [J]. Optics Express, 2008, 16 (17): 12958-12966.

[3] 王恺. 大功率 LED 封装与应用的自由曲面光学研究 [D]. 武汉：华中科技大学，2011.

[4] 冉景. 基于逆向反馈优化方法的 LED 自由曲面透镜设计与研究 [D]. 武汉：华中科技大学，2011.

[5] 苏宙平，阙立志，朱焯炜，等. 用于 LED 光源准直的紧凑型光学系统设计 [J]. 激光与光电子学进展，2012，49 (2)：022203.

第 4 章　基于 LED 扩展光源的二次光学设计

前面几章设计 LED 光源的二次光学系统时都是把 LED 光源看作是点光源进行设计。实际上，LED 光源都有一定的尺寸，特别是 COB 封装的大功率 LED 尺寸都比较大，如果在设计二次光学系统时仍然把 LED 光源当作是点光源，设计结果会有一定偏差。关于光源是否可以看作点光源有一个常用的标准，如图 4-1 所示，当透镜的口径与光源的口径之比 $D:d$ 大于 5 时，光源

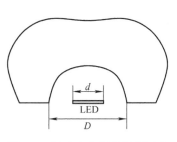

图 4-1　阐述点光源的判断标准

可以被看作点光源；当 $D:d$ 小于 5 时，光源应该被当作扩展光源。与点光源相比，基于扩展光源设计二次光学系统会复杂得多。本章将介绍两种方法：反馈优化算法和全局优化算法，这两种方法可以基于扩展 LED 光源来设计二次光学系统。

4.1　基于反馈优化算法设计 LED 扩展光源的自由曲面透镜

4.1.1　反馈优化算法的原理

在第 2 章中，针对 LED 点光源设计了一个旋转对称的二次透镜，在目标面上产生了均匀的辐照度分布。这里将探讨将点光源换成扩展光源以后，二次透镜的设计方法。基于点光源设计自由曲面透镜后，将光源换成扩展光源后，辐照度均匀度会有一定程度的下降，但基于点光源设计的自由曲面透镜可以作为一个初始结构，通过反馈优化算法对初始结构进行逐步优化，使优化后的透镜针对扩展光源也能产生均匀的辐照度分布。基于点光源设计自由曲面透镜时，对光源的立体角和目标面进行了划分，划分的详细过程见第 2 章。反馈优化算法就是根据目标面的实际辐照度分布与预期辐照度分布的偏差，来重新调整目标面的网格分布或光源的立体角划分，建立光源能量与目标面能量之间的新的映射关系，根据这个新的映射关系建立新的透镜，这个新透镜产生的辐照度分布更接近于预期的辐照度分布。通过 1、2 次反馈很难达到理想的效果，往往需要多次反馈让实际辐照度不断逼近预期值。图 4-2 阐述了一个反馈优化过程，图 4-2a 所示目标面上的辐照度分布与辐照度平均值相差比较大，第 i 个环的辐照度分布值 $E(i)$ 高于

平均的辐照度分布值 E_{ave}，如果光源的立体角的划分不变，可以扩大该区域的面积，来减小该区域内的辐照度分布，这样目标面上的辐照度更接近预期的辐照度分布。该区域调整后的面积应该为

$$S'(i) = \frac{E(i)}{E_{ave}} S(i) \tag{4-1}$$

当目标面上对应区域的面积调整后，尽管光源的立体角保持不变，对于扩展光源入射到该区域的光通量与调整前入射到该区域的光通量有一定的变化（扩展光源不能严格满足边缘光线原理），因此在调整面积后，辐照度也无法直接变为 E_{ave}，但是在接近 E_{ave}，所以要多次优化不断逼近 E_{ave}。

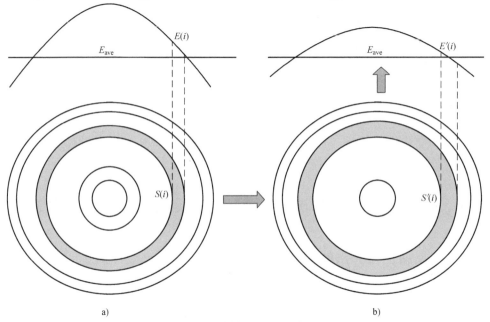

图 4-2　反馈优化过程示意图

4.1.2　基于几种不同参数调整的反馈优化

在反馈优化过程中根据实际辐照度与预期辐照度的偏差可以调整目标面网格单元的大小，可以调整光源立体角大小，也可以同时调整目标面网格和光源立体角大小。下面就这几种情况分别进行讨论。

1. 基于目标面网格调整的反馈优化

如果反馈优化过程中立体角的划分保持不变，始终保持初始透镜设计时划分好的立体角，想要调整实际辐照度与预期辐照度的偏差，就要通过调整目标面上的网格划分来实现。基于点光源设计初始透镜（旋转对称的），使用扩展光源进行光线追迹后，目标面上各区域的辐照度分布为 $E_1^{(0)}$，$E_2^{(0)} \cdots E_i^{(0)} \cdots E_N^{(0)}$ 如图

4-3所示，下标数字表示目标面上的单元区域的编号，上标括号里的数字表示反馈的次数，如 $E_i^{(m)}$ 表示第 i 单元区域经过 m 次反馈以后的辐照度分布。目标面上接收的光通量表示为

$$E_1^{(m)} S_1^{(m)} + E_2^{(m)} S_2^{(m)} + \cdots + E_i^{(m)} S_i^{(m)} + \cdots + E_N^{(m)} S_N^{(m)} = E_p S \quad (4\text{-}2)$$

式中，E_p 为目标面上的平均辐照度；S 为目标面上的总面积。对式（4-2）进行化简可以得到

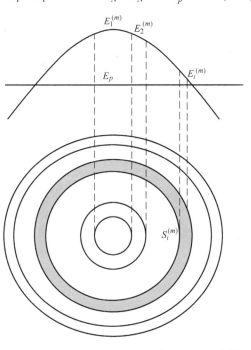

图 4-3　目标面上的辐照度分布及光通量计算

$$\frac{E_1^{(m)} S_1^{(m)}}{E_p} + \frac{E_2^{(m)} S_2^{(m)}}{E_p} + \cdots$$
$$+ \frac{E_i^{(m)} S_i^{(m)}}{E_p} + \cdots + \frac{E_N^{(m)} S_N^{(m)}}{E_p} = S$$
$$(4\text{-}3)$$

令
$$q_i^{(m)} = \left(\frac{E_i^{(m)}}{E_p} \right) \quad (4\text{-}4)$$

则
$$q_1^{(m)} S_1^{(m)} + q_2^{(m)} S_2^{(m)} + \cdots$$
$$+ q_i^{(m)} S_i^{(m)} + \cdots + q_1^{(m)} S_N^{(m)} = S$$
$$(4\text{-}5)$$

令
$$S_i^{(m+1)} = q_i^{(m)} S_i^{(m)} \quad (4\text{-}6)$$

根据式（4-6）可以看出目标面的网格面积在不断调整，调整的幅度主要取决于 $q_i^{(m)}$，$q_i^{(m)}$ 是由式（4-4）决定的。每次调整目标面网格划分之后，重新构建透镜，追迹光线，如果目标面辐照度均匀性满足了要求，停止反馈优化。如果目标面辐照度均匀度不满足要求，继续反馈优化。这部分讨论的是光源每个立体角单元保持不变而调整目标面上的网格划分，所以根据式（4-6）可以近似为式（4-7）。

$$E_i^{(m+1)} = \frac{E_i^{(m)}}{q_i^{(m)}} \quad (4\text{-}7)$$

令
$$k_i^{(m)} = \frac{1}{q_i^{(m)}} \quad (4\text{-}8)$$

联立式（4-7）和式（4-8）可以得到

$$E_i^{(m+1)} = k_i^{(m)} E_i^{(m)} \quad (4\text{-}9)$$

式中，$k_i^{(m)}$ 为反馈系数，通过多次优化可以使实际辐照度逼近预期辐照度。

2. 基于光通量划分调整的反馈优化

如果反馈优化过程中目标面上的网格划分保持不变，想要调整实际辐照度与

预期辐照度的偏差可以调整光源的各立体角单元，从而改变了各立体角单元内的光通量。假设经过 m 次反馈以后，第 i 个单元的辐照度为 $E_i^{(m)}$，预期辐照度为 E_p，则有

$$p_i^{(m)} = \left(\frac{E_i^{(m)}}{E_p} \right) \tag{4-10}$$

为了使 $E_i^{(m)}$ 接近于 E_p 调整第 i 个立体角单元内的光通量如下：

$$\Phi_i^{(m+1)} = p_i^{(m)} \Phi_i^{(m)} \tag{4-11}$$

所以辐照度的分布理想值应为

$$E_i^{(m+1)} = p_i^{(m)} E_i^{(m)} \tag{4-12}$$

因为对于扩展光源，调整立体角之后，调整后的光通量无法完全进入第 i 个面积元上，所以实际上 $E_i^{(m+1)}$ 只能是接近 $p_i^{(m)} E_i^{(m)}$。

令

$$k_i^{(m)} = p_i^{(m)} \tag{4-13}$$

式中，$k_i^{(m)}$ 为反馈系数，通过多次优化可以使实际辐照度逼近预期辐照度。

3. 同时调整目标网格与光源光通量单元

上面的两种情况都是只调整目标面或光源，实际上可以同时调整目标面和光源。假设经过 m 次反馈以后，第 i 个单元的辐照度为 $E_i^{(m)}$，预期辐照度为 E_p，则有

$$k_i^{(m)} = \left(\frac{E_i^{(m)}}{E_p} \right) \tag{4-14}$$

目标面的第 i 个面积元和第 i 个立体角单元内的光通量都进行如下调整：

$$S_i^{(m+1)} = q_i^{(m)} \cdot S_i^{(m)} \tag{4-15}$$

$$\Phi_i^{(m+1)} = p_i^{(m)} \cdot \Phi_i^{(m)} \tag{4-16}$$

联立式（4-15）和式（4-16）可得

$$E_i^{(m+1)} = \frac{p_i^{(m)} \cdot \Phi_i^{(m)}}{q_i^{(m)} \cdot S_i^{(m)}} = \frac{p_i^{(m)}}{q_i^{(m)}} E_i^{(m)} \tag{4-17}$$

令

$$k_i^{(m)} = p_i^{(m)} / q_i^{(m)} \tag{4-18}$$

$p_i^{(m)}$、$q_i^{(m)}$ 可以取值为

$$p_i^{(m)} = \left[k_i^{(m)} \right]^{0.5} \tag{4-19}$$

$$q_i^{(m)} = \left[k_i^{(m)} \right]^{-0.5} \tag{4-20}$$

将上述几种情况列表如表4-1所示，通过该表可以很好地比较这三种反馈情况的特点。

4.1.3 设计案例

针对 LED 扩展光源，使用反馈优化算法设计了一个旋转对称的二次透镜，

实现在目标面上的辐照度均匀分布，设计主要参数如表 4-2 所示。初始透镜是基于点光源设计，初始透镜轮廓如图 4-4a 中的虚线所示，优化后的轮廓如图4-4a 中的实线所示。图 4-5 针对扩展光源，透镜优化前后的辐照度分布，优化后透镜在目标面上产生的辐照度分布均匀度比优化前提高了约 12% 。

表 4-1   三种反馈的总结

	光源	面积	辐照度
情况 1	不变	$S_i^{(m+1)} = q_i^{(m)} S_i^{(m)}$	$E_i^{(m+1)} = \dfrac{E_i^{(m)}}{q_i^{(m)}}$
情况 2	$\Phi_i^{(m+1)} = p_i^{(m)} \cdot \Phi_i^{(m)}$	不变	$E_i^{(m+1)} = p_i^{(m)} E_i^{(m)}$
情况 3	$\Phi_i^{(m)} = p_i^{(m)} \cdot \Phi_i^{(m-1)}$	$S_i^{(m)} = q_i^{(m)} \cdot S_i^{(m-1)}$	$E_i^{(m+1)} = \dfrac{p_i^{(m)}}{q_i^{(m)}} E_i^{(m)} = k_i^{(m)} E_i^{(m)}$

表 4-2   透镜设计参数

参数名称	参数值
$D:d$	2.5
透镜折射材料	PMMA
目标面半径 R_N	1500mm
目标面距离 H	1200mm

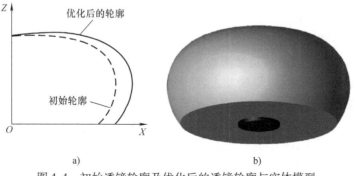

a)   b)

图 4-4   初始透镜轮廓及优化后的透镜轮廓与实体模型

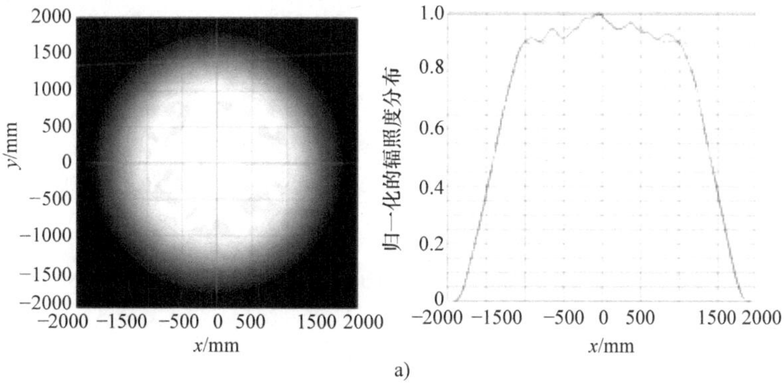

a)

图 4-5   基于扩展光源优化前后的辐照度分布

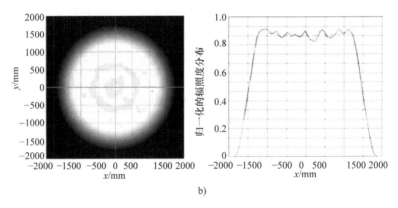

b)

图 4-5　基于扩展光源优化前后的辐照度分布（续）

4.2　基于全局优化算法设计 LED 扩展光源的自由曲面透镜

　　上一节是基于反馈优化算法设计扩展光源的自由曲面透镜，这里将介绍基于全局优化算法设计扩展光源的自由曲面透镜使扩展光源经过自由曲面透镜之后在目标面上产生均匀的辐照度分布。使用的扩展光源是旋转对称的光源，因此设计的透镜也是旋转对称的透镜。

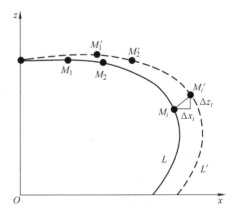

　　首先也是基于点光源设计一个旋转对称的自由曲面透镜，该透镜可以使点光源在目标面上产生均匀的辐照度分布，基于点光源设计自由曲面透镜的方法在第 2 章有详细介绍。基于点光源设计的透镜轮廓如图 4-6 中的实线 L 所示，可以用一些采样点 M_1，M_2，$\cdots$，M_i，$\cdots$，M_N 来表示该曲线轮廓，透镜轮廓函数可以表示为

$$L = f(x_1, z_1, x_2, z_2 \ldots x_i, z_i \ldots x_m, z_m)$$

$$(4\text{-}21)$$

图 4-6　基于点光源设计的透镜轮廓和基于扩展光源优化过程中的轮廓

　　将点光源换成扩展光源后，辐照度均匀度会有所下降，这里将通过优化调整初始透镜的轮廓来改善均匀度，假设调整后的透镜轮廓如图 4-6 中的虚线 L' 所示：

$$L' = f(x_1 + \Delta x_1, z_1 + \Delta z_1, x_2 + \Delta x_1, z_2 + \Delta z_2 \ldots x_i + \Delta x_i, z_i + \Delta z_i \ldots x_m + \Delta x_m, z_m + \Delta z_m)$$

$$(4\text{-}22)$$

透镜轮廓调整之后目标面上的辐照度均匀度

$$U = \frac{\overline{E}}{E_{\max}} = u(\Delta x_1, \Delta z_1, \Delta x_2, \Delta z_2 \ldots \Delta x_i, \Delta z_i \ldots \Delta x_m, \Delta z_m) \qquad (4\text{-}23)$$

可见辐照度均匀度取决于这些变量$(\Delta x_1, \Delta z_1, \Delta x_2, \Delta z_2 \ldots \Delta x_i, \Delta z_i \ldots \Delta x_m,$ $\Delta z_m)$，优化透镜轮廓的过程就是寻找这些变量的最佳值，使均匀度 U 达到了最大值。为了寻找这些变量的最佳值，构建一个评价函数如下：

$$MF = 1 - U = 1 - \frac{\overline{E}}{E_{\max}} = 1 - u(\Delta x_1, \Delta z_1, \Delta x_2, \Delta z_2 \ldots \Delta x_i, \Delta z_i \ldots \Delta x_m, \Delta z_m)$$

$$(4\text{-}24)$$

可以看出当评价函数的值越小，均匀度 U 的值越大，优化透镜轮廓的过程就是为变量（Δx_1，Δz_1，Δx_2，$\Delta z_2 \ldots \Delta x_i$，$\Delta z_i \ldots \Delta x_m$，$\Delta z_m$）寻找最佳值，使评价函数最小化的过程，寻找评价函数的最小值可以采用全局优化的算法如遗传算法、模拟退火算法和粒子群算法等。

利用上述的方法，使用表 4-3 中的参数，应用粒子群算法寻找评价函数最小值，针对扩展光源设计了一个自由曲面透镜如图 4-7 所示。图 4-8 为几种不同情况的辐照度分布图，其中图 4-8a 是基于点光源设计的自由曲面透镜，应用点光源进行光线追迹后在目标面上产生的辐照度分布；图 4-8b 是基于点光源设计的自由曲面透镜，应用扩展光源进行光线追迹后在目标面上产生的辐照度分布，辐照度均匀度下降非常明显。基于全局优化算法对初始透镜进行优化后产生的透镜，应用扩展光源进行光线追迹后目标面上产生的辐照度分布如图 4-8c 所示，与图 4-8b 相比较，辐照度均匀度有了显著提高。

表 4-3　透镜设计参数

参数名称	参数值
$D:d$	3
透镜材料	PMMA
目标面半径 R_N	1000mm
目标面距离 H	1000mm

图 4-7　基于全局优化算法设计的自由曲面透镜

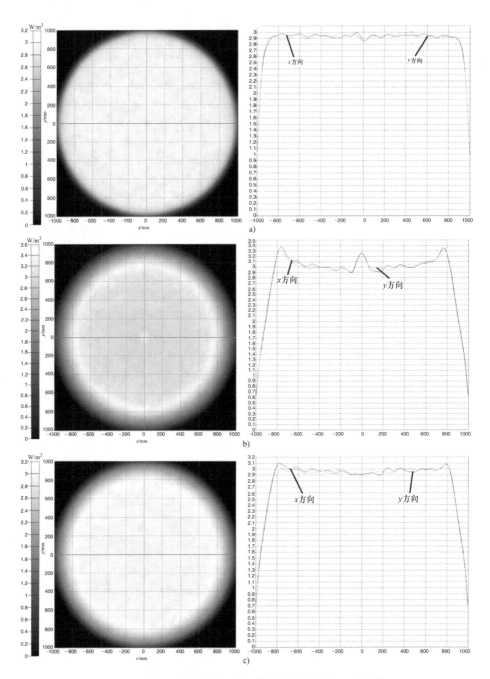

图4-8   使用不同的光源在透镜优化前后的辐照度分布

a）初始透镜对点光源产生的辐照度分布

b）初始透镜对扩展光源产生的辐照度分布

c）优化后的透镜对扩展光源产生的辐照度分布

参 考 文 献

［1］王恺. 大功率 LED 封装与应用的自由曲面光学研究 ［D］. 武汉：华中科技大学, 2011.

［2］冉景. 基于逆向反馈优化方法的 LED 自由曲面透镜设计与研究 ［D］. 武汉：华中科技大学, 2011.

［3］李潇, 高培丽, 黄逸峰, 等. 基于序列光线追迹原理的快速优化照明设计 ［J］. 应用光学, 2015, 36（6）: 873 – 879.

［4］李潇, 黄逸峰, 谭叶青, 等. 基于 SelPSO 算法的紧凑型照明器件优化方法 ［J］. 应用光学, 2016, 37（04）: 595 – 601.

第5章 平面 LED 阵列辐照度均匀化技术

在大多数的照明环境，单颗 LED 很难满足辐照度的要求，需要多颗 LED 组成的 LED 阵列来实现，如图 5-1 所示。因此设计和优化一个 LED 阵列，使其在目标面上产生均匀的辐照度在各种各样的照明应用领域如背光显示、机器视觉等中非常重要。本章主要是介绍通过数值计算的方法来优化 LED 阵列实现目标面上辐照度的均匀分布，主要内容分为两个部分：①平面 LED 阵列的优化与设计；②大颗数 LED 阵列的设计。

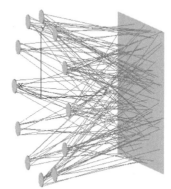

图 5-1　多颗 LED 构成的 LED 阵列照明系统示意图

5.1 平面 LED 阵列的优化设计与集成技术

5.1.1 LED 阵列设计理论

在大多数情况下 LED 可以被看作是一个朗伯光源，其发光强度分布的表达式如下：

$$I(\theta) = I_0 \cos^m \theta \tag{5-1}$$

式中，θ 是视角；I_0 是垂直于光源面的法线方向的发光强度分布；m 取决于半角宽度 $\theta_{1/2}$（定义为发光强度降为法线方向的一半时的视角），可以由下式给出：

$$m = \frac{-\ln 2}{\ln(\cos \theta_{1/2})} \tag{5-2}$$

LED 被固定在一个平面，称之为 S 平面（$z = 0$），LED 光源照明的平面为目标面，称之为 T 平面。光源所在平面与目标面之间的距离为 z，假设目标面上有一任意点 A 坐标为 (x_p, y_q, z)。光源面上有一颗 LED 坐标为 $(X, Y, 0)$。该 LED 在目标面上产生的辐照度可以由下式来计算：

$$E(x_p, y_q, z) = \frac{z^{m+1} I_0}{\left[(x_p - X)^2 + (y_q - Y)^2 + z^2\right]^{\frac{m+3}{2}}} \tag{5-3}$$

所以由 n 颗 LED 构成的阵列在目标面上产生的辐照度为

$$E(x_p,y_q,z) = \sum_{i=1}^{n} \frac{z^{m+1}I_0}{\left[(x_p - X_i)^2 + (y_q - Y_i)^2 + z^2\right]^{\frac{m+3}{2}}} \tag{5-4}$$

式中，$(X_i, Y_i, 0)$ 是这个阵列中第 i 个 LED 的坐标。

如图 5-2b 所示，将目标面分成 $M \times N$ 网格，每个网格的辐照度值可以由式（5-4）来计算。接下来构建评价函数

$$f(X_1,Y_1,\cdots,X_i,Y_i,\cdots,X_n,Y_n) = \frac{\sigma}{\overline{E}} \tag{5-5}$$

$$f(X_1,Y_1,\cdots,X_i,Y_i,\cdots,X_n,Y_n) = 1 - \frac{\overline{E}}{E_{max}} \tag{5-6}$$

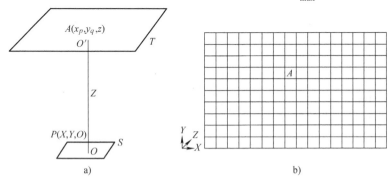

图 5-2　LED 照明系统示意图和目标面划分为 $M \times N$ 网格

a）LED 照明系统示意图　b）目标面划分为 $M \times N$ 网络

式中，$\overline{E}$ 表示目标面上所有网格的平均辐照度值，有

$$\overline{E} = \frac{1}{M \times N} \sum_{q=1}^{N} \sum_{p=1}^{M} E(x_p,y_q,z) \tag{5-7}$$

σ 是所有网格的辐照度的标准差，可以用下式来计算：

$$\sigma = \sqrt{\frac{\sum_{q=1}^{N} \sum_{p=1}^{M} \left(E(x_p,y_q,z) - \overline{E}\right)^2}{M \times N}} \tag{5-8}$$

E_{max} 为目标面内有效照明区域内的最大辐照度值。

式（5-6）和式（5-7）都可以反映辐照度分布的非均匀性因此都可以用作目标函数，可以看出目标函数的值越小，表示均匀度越高。从式（5-6）和式（5-7）可以看出目标函数是以 LED 位置坐标为自变量的函数，通过优化阵列中各 LED 的坐标，可以得到目标函数的最小值。寻找目标函数最小值的方法有很多，全局优化算法是一种非常有效的方法，常用的全局优化算法有遗传算法、模拟退火算法和粒子群算法等。因此通过优化 LED 阵列中各 LED 的坐标，可以获得目标函数的最小值，这时候每颗 LED 处在了最佳位置，对应的 LED 阵列为最优 LED 阵列，该阵列在目标面上就可产生均匀的辐照度分布。

5.1.2 模拟退火算法设计

模拟退火是一种全局优化算法，可以用来优化多变量目标函数的最小值。模拟退火，就像其名字所言，源于金属中的退火技术，整个过程包括了加热和控制物体冷却过程，使物体的缺陷达到了最小。在一个退火过程中，金属被加热到高温，变成无序状态。然后金属的温度逐渐下降，这样的过程在每一时刻都可以看作是一个热动力平衡的过程。当制冷过程继续，金属结构变得有序，最终结晶，这时候处于最低的能量状态。如果制冷过程比较长，冷却后的物体会变得非常完美。20世纪80年代Kirkpatrick和Cerny发现退火的物理过程和优化问题有很多相似性：①优化问题的当前解对应于热力学系统的当前的能量状态；②优化问题的目标函数对应于热力学系统的能量方程；③全局最小值对应于基态。

在这部分我们将讨论如何应用模拟退火算法来优化LED阵列。模拟退火作为一种全局优化的算法其实施流程如下。

1. 初始化

1）构建目标函数如式（5-6）所示，目标函数可以反映LED阵列在照明目标面上的辐照度均匀度。

2）向量 s 作为一个初始解，包含了 $2n$ 元素，这表示了 n 个LED坐标。

3）选择一个初始温度 $T = 2000$。

4）定义一个温度递减函数 $T_{h+1} = (0.95)^h T_h$，h 是迭代次数，可以用来表示温度减少的数量。

5）设置迭代计数器和每个固定温度下的最大迭代计数次数。

2. 迭代过程

1）设置 $h = 0$。

2）设置 $IT = 0$。

$IT = IT + 1$。

3）随机产生一组新的解 s_1。如果 $f(s_1) < f(s)$，这组新解被接受，这就意味着 $s = s_1$。否则在 $[0, 1]$ 范围内均匀地产生一个随机数 w。

如果 $w < \exp\left\{-\dfrac{[f(s_1) - f(s)]}{kT}\right\}$，那么 $s = s_1$。其中 k 是玻尔兹曼常数，T 是当前的温度。

4）如果 $IT < L$，程序将返回到 $IT = IT + 1$。

5）如果终止条件满足，将返回到步骤3。

6）$h = h + 1$。

7）按这个变化规律 $T_{h+1} = (0.95)^h T_h$ 更新温度，程序将会返回到步骤2中2）。

3. 停止

4. 输出最好值

从步骤 2 中 3）可以看出，这个算法允许接收比当前解更槽糕的解。这将避免优化过程陷入局部最小值。当前的温度决定多大的概率来接受比当前解更槽糕的解。温度越低接受这种不利解的可能性越低。选择足够高的初始温度有利于达到全局最小值。当满足下列条件之一时，算法会终止：

1）目标函数小于预定函数的值。

2）目标函数的变化值小于预设的变化值。

5.1.3　平面 LED 阵列设计案例

案例 1：相同的 LED 构成的圆形阵列

图 5-3 是一个圆形 LED 阵列的示意图，设该阵列中有 n 颗 LED 等角间隔地排布在一个圆周上。这个圆形阵列中任意一颗 LED 的位置坐标可以确定为

$$X_i = R\cos\left(\frac{(i-1)\cdot 2\pi}{n}\right); Y_i = R\sin\left(\frac{(i-1)\cdot 2\pi}{n}\right) \tag{5-9}$$

根据式（5-4）可以知道在目标面上任意一点的辐照度可以通过下式来计算：

$$E(x_p, y_q, z) = z^{m+1}I_0 \times$$

$$\sum_{i=1}^{n}\left[\left(x_p - R\cos\left(\frac{(i-1)\cdot 2\pi}{n}\right)\right)^2 + \left(y_q - R\sin\left(\frac{(i-1)\cdot 2\pi}{n}\right)\right)^2 + z^2\right]^{-\left(\frac{m+3}{2}\right)}$$

$$\tag{5-10}$$

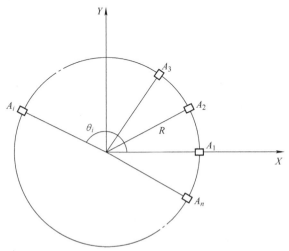

图 5-3　LED 圆形阵列示意图

从式（5-10）可以看出目标面上的辐照度分布取决于圆形阵列的半径 R，将

圆形阵列的辐照度计算公式代入评价函数式（5-6），利用模拟退火算法寻找评价数的最小值，优化变量是圆形阵列的半径。本案例设计中使用的参数如下：圆形阵列由 12 颗 LED 构成，目标面距离光源 15mm，也就是 $z=15$，目标面的大小选取的是 5mm×5mm 的一个方形区域。使用这些参数，利用模拟退火算法优化后，得到最佳半径值为 $R=11.5$mm。图 5-4 为优化过程中，评价函数与优化次数之间的关系。当评价函数的改变量小于预先设定的改变量，优化停止。

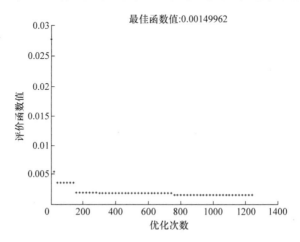

图 5-4　评价函数与优化次数的关系

优化后的圆形 LED 阵列如图 5-5 所示，图 5-6 为优化后的圆形 LED 阵列照明系统图。

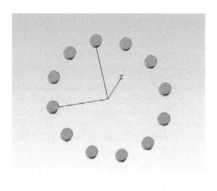

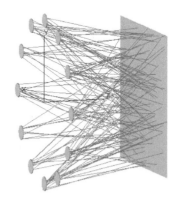

图 5-5　优化后的圆形 LED 排列　　　　图 5-6　优化后的圆形 LED 阵列照明系统图

图 5-7 为优化后的圆形 LED 阵列在目标面上产生的辐照度分布及轮廓，均匀度计算结果为 97%。在相同的约束条件下，我们优化了不同颗数的 LED 构成的圆形 LED 阵列，图 5-8 是圆形阵列的最佳半径随 LED 颗数变化关系。我们发

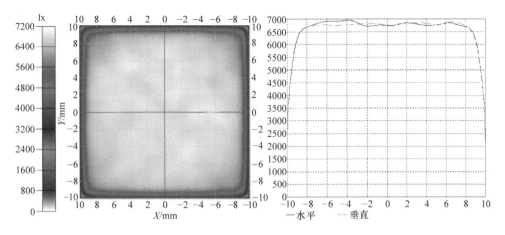

图 5-7　优化后的圆形 LED 阵列的辐照度分布及轮廓

现这个不同颗数的 LED 形成的最佳阵列，其对应的最佳半径几乎是不变的。从这个图上可以看出对于圆形阵列，LED 颗数的变化不会对圆形阵列的最佳半径有影响。

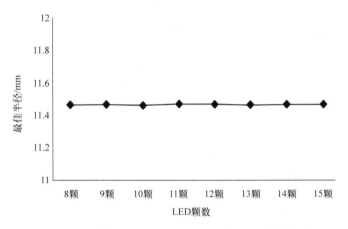

图 5-8　不同颗数 LED 形成的圆形所对应的最佳半径值

接下来我们又分析了 LED 阵列平面与目标面之间的距离对最佳 LED 阵列半径的影响。图 5-9 为 LED 阵列平面和目标面之间的距离与最佳 LED 阵列半径之间的关系。可以看出最佳半径和 LED 阵列平面与目标面的距离几乎成正比。

案例 2：由非完美朗伯分布的 LED 构成的圆形 LED 阵列

在一些情况下 LED 的发光强度分布呈非完美朗伯分布。本案例将设计一个圆形阵列，阵列中的每个 LED 发光强度分布呈非完美朗伯分布。本案例使用的每个 LED 前面增加了一个二次透镜，用来改变 LED 输出光的视角，发光强度分

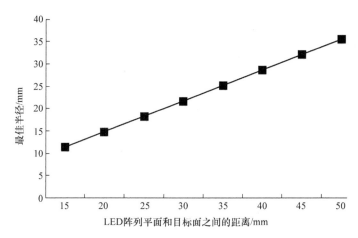

图 5-9　LED 阵列平面和目标面之间距离与最佳 LED 阵列半径的关系

布变成了非完美朗伯分布。加了二次透镜和不加二次透镜的 LED 发光强度分布分别如图 5-10 和图 5-11 所示。比较图 5-10 和图 5-11 可以看出自由曲面透镜能将 LED 的视角从 ±90°减小到 ±50°。加了自由曲面透镜的发光强度分布曲线可

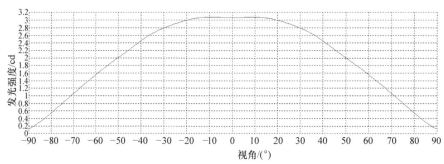

图 5-10　未加自由曲面透镜时的 LED 发光强度分布

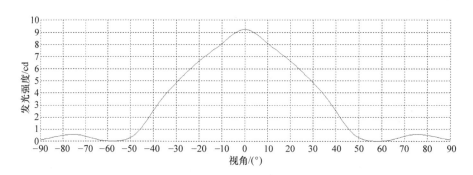

图 5-11　加自由曲面透镜时的 LED 发光强度分布

以用式（5-1）来拟合，拟合的范围在 − 60°~60°之间，− 60°~60°之间的发光强度占总发光强度的 96.5%，这个范围之外的那部分发光强度基本可以忽略不计。由式（5-2）可以计算 $m = 4.82$。为了比较拟合的精确程度，可以将拟合的发光强度分布与原始的发光强度分布曲线放在同一张图上，如图 5-12 所示。可见加了自由曲面透镜后的发光强度分布可以拟合成 $m = 4.82$ 的朗伯分布，是一个非完美朗伯发光强度分布。

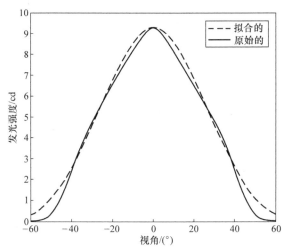

图 5-12　圆形阵列中使用的 LED 的发光强度分布和拟合之后的发光强度分布

为了评价拟合的准确程度，使用归一化的互相关系数（NCC）作为评价的指标。NCC 表示如下：

$$NCC = \frac{\sum_v [I(\theta_v)_F - \bar{I}_F][I(\theta_v)_O - \bar{I}_O]}{\sqrt{\sum_v [I(\theta_v)_F - \bar{I}_F]^2 \sum_v [I(\theta_v)_O - \bar{I}_O]^2}} \tag{5-11}$$

式中，I_F 和 I_O 分别为拟合发光强度值和原始发光强度值；θ_v 是第 v 个采样角；$\bar{I}_F$ 和 $\bar{I}_O$ 是拟合发光强度在所有采样角的平均值和原始发光强度的平均值。NCC 计算结果为 99.5%。很明显拟合的曲线非常接近于原始的曲线。本案例中的 LED 的发光强度分布为

$$I(\theta) = I_0 \cos^m \theta \ (m = 4.82) \tag{5-12}$$

由非完美朗伯分布的 LED 构成的圆形阵列的优化与案例 1 的优化方法基本类似，这次使用的评价函数为式（5-5）。优化圆形 LED 阵列时所设置的初始条件如表 5-1 所示。在优化过程中目标函数的变化值（COFV）首先满足了停止条件。通过优化，最佳的圆形 LED 阵列半径为 $R = 34.5$mm。对应于这个最佳半径

的圆形 LED 阵列，在目标面上产生了均匀的辐照度分布。图 5-13 是这个最佳的圆形 LED 阵列产生的辐照度分布和轮廓。

表 5-1　优化圆形 LED 阵列的初始条件

目标面的尺寸/mm	光源与目标面的距离/mm	初始温度/K	优化停止标准
40 × 40	100	5000	COFV ≤ 10^{-10}

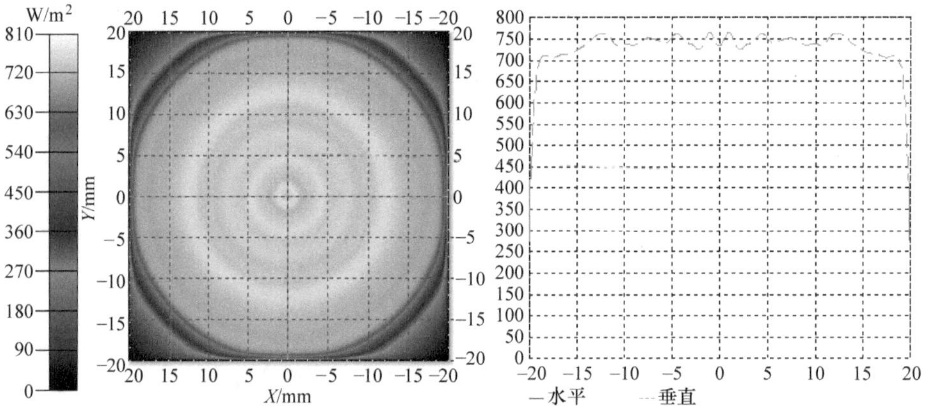

图 5-13　优化之后的圆形阵列产生的辐照度分布和轮廓

a）辐照度分布　　b）辐照度轮廓

案例 3：完美朗伯分布的 LED 构成的矩形（或方形）LED 阵列

本案例将讨论矩形（或方形）LED 阵列的优化设计问题。假设要设计一个 $M \times N$（M 和 N 为偶数）矩形 LED 阵列，相邻的两个 LED 之间的距离都设定为相等，因此这个阵列相邻 LED 之间的距离的改变就会影响目标面上的辐照度均匀度，因此优化这种阵列就是优化相邻 LED 之间的最佳距离。在优化过程中构建评价

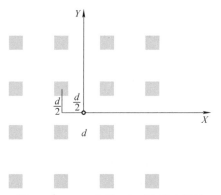

图 5-14　4 × 4 方形 LED 阵列示意图

函数式（5-6）是必要的，构建评价函数需要获得辐照度分布的计算公式。为了推导矩形阵列在目标面上的辐照度分布表达式，以一个 4 × 4 方形 LED 阵列（见图 5-14）为例子建立一个坐标系，相邻两个 LED 之间的距离为 d。$M \times N$（M 和 N 为偶数）矩形 LED 阵列坐标系与 4 × 4 方形 LED 阵列基本类似。建立这样的坐标系后，很容易将每个 LED 的坐标用间距 d 表示出来：

$$X = (2i+1)\frac{d}{2} \qquad i \text{ 取} -\frac{N}{2} \sim \frac{N-2}{2} \text{ 之间的整数}$$

$$Y = (2j+1)\frac{d}{2} \qquad j \text{ 取} -\frac{M}{2} \sim \frac{M-2}{2} \text{ 之间的整数} \qquad (5\text{-}13)$$

根据上面的坐标计算公式，可以将 4×4 方形 LED 阵列中每个 LED 的坐标位置表示出来，如图 5-15 所示。

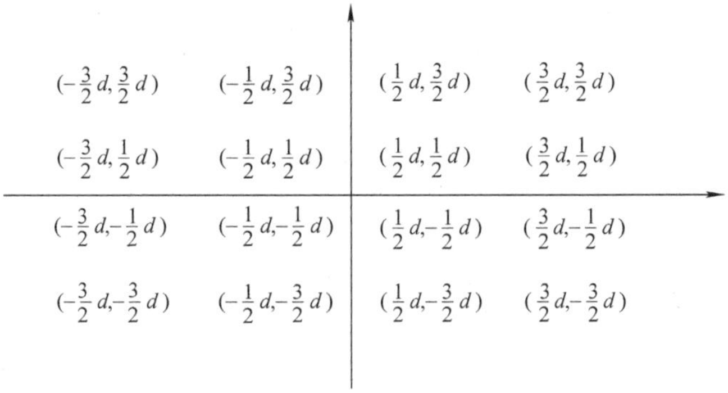

$$
\begin{array}{cc|cc}
(-\tfrac{3}{2}d,\tfrac{3}{2}d) & (-\tfrac{1}{2}d,\tfrac{3}{2}d) & (\tfrac{1}{2}d,\tfrac{3}{2}d) & (\tfrac{3}{2}d,\tfrac{3}{2}d) \\
(-\tfrac{3}{2}d,\tfrac{1}{2}d) & (-\tfrac{1}{2}d,\tfrac{1}{2}d) & (\tfrac{1}{2}d,\tfrac{1}{2}d) & (\tfrac{3}{2}d,\tfrac{1}{2}d) \\
\hline
(-\tfrac{3}{2}d,-\tfrac{1}{2}d) & (-\tfrac{1}{2}d,-\tfrac{1}{2}d) & (\tfrac{1}{2}d,-\tfrac{1}{2}d) & (\tfrac{3}{2}d,-\tfrac{1}{2}d) \\
(-\tfrac{3}{2}d,-\tfrac{3}{2}d) & (-\tfrac{1}{2}d,-\tfrac{3}{2}d) & (\tfrac{1}{2}d,-\tfrac{3}{2}d) & (\tfrac{3}{2}d,-\tfrac{3}{2}d)
\end{array}
$$

图 5-15　4×4 方形 LED 阵列排布的坐标图

根据式（5-4）和式（5-13）可以得到这种 $M \times N$（M 和 N 为偶数）矩形 LED 阵列辐照度分布计算式为

$$E(x,y,z) = z^{m+1}I_0 \sum_{i=\frac{-N}{2}}^{\frac{(N-2)}{2}} \sum_{j=\frac{-M}{2}}^{\frac{(M-2)}{2}} \left[\left(x - (2i+1)\frac{d}{2}\right)^2 + \left(y - (2j+1)\frac{d}{2}\right)^2 + z^2 \right]^{-\frac{(m+3)}{2}}$$

$$(5\text{-}14)$$

根据式（5-6）构建评价函数，评价函数中需要优化的变量就是相邻 LED 之间的距离。利用模拟退火算法优化相邻 LED 之间的距离，优化结果为 $d = 12.79\text{mm}$。优化后的 4×4 方形 LED 阵列如图 5-16 所示，这个阵列在目标面上产生的辐照度分布和轮廓如图 5-17 所示，均匀度为 96 %。

接下来讨论一下 $M \times N$（M 和 N 为奇数）的 LED 阵列的坐标建立及辐照度分布计算。以一个 5×5 方形 LED 阵列为例建立坐标系如图 5-18 所示，LED 的坐标为

$$X = -id \qquad i \text{ 在} -\frac{N-1}{2} \sim \frac{N-1}{2} \text{ 之间取值}$$

$$Y = -jdj \qquad \text{在} -\frac{M-1}{2} \sim \frac{M-1}{2} \text{ 之间取值} \qquad (5\text{-}15)$$

根据式（5-4）和式（5-15）可以推导出该阵列的辐照度分布计算式为

$$E(x,y,z) = z^{m+1}I_0 \sum_{i=\frac{-(N-1)}{2}}^{\frac{(N-1)}{2}} \sum_{j=\frac{-(M-1)}{2}}^{\frac{(M-1)}{2}} \left[(x+id)^2 + (y+jd)^2 + z^2 \right]^{-\frac{(m+3)}{2}}$$

$$(5\text{-}16)$$

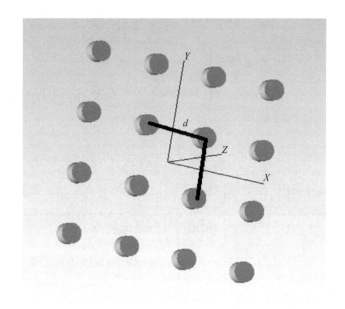

图 5-16　优化后的 4×4 方形 LED 阵列

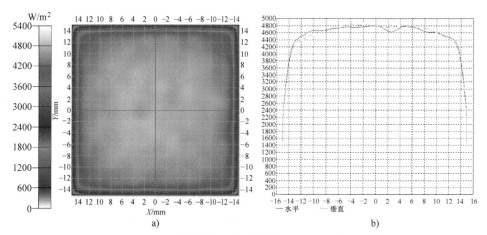

图 5-17　4×4 方形 LED 阵列排布的辐照度分布和轮廓

a) 辐照度分布　b) 辐照度轮廓

　　从 4×4 阵列和 5×5 阵列可以看出，当某一行或某一列 LED 的颗数为奇数或偶数时，LED 阵列的坐标建立有一定的差异性。接下来优化设计一个 4×5 的矩形 LED 阵列，这个阵列每一行 LED 的颗数为奇数个，每一列 LED 的颗数为偶数个。在排布中，由于 X 轴方向和 Y 轴方向的颗数不同，可能会出现不同的间隔，我们将 X 轴方向的间距定义为 $\mathrm{d}x$，Y 轴方向的间距定义为 $\mathrm{d}y$，LED 的坐标为

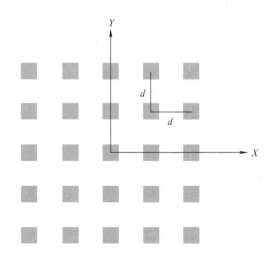

图 5-18　5×5 方形 LED 阵列示意图

$$X = -id_x \qquad i \text{ 在 } -\frac{N-1}{2} \sim \frac{N-1}{2} \text{之间取值，} N \text{ 是奇数，为 } X \text{ 轴方向的 LED 颗数}$$

$$Y = (2j+1)\frac{d_y}{2} \qquad j \text{ 取 } -\frac{M}{2} \sim \frac{M-2}{2} \text{之间的整数，} M \text{ 是偶数，为 } Y \text{ 轴方向的 LED 颗数}$$

$$(5\text{-}17)$$

LED 的坐标如图 5-19 所示，每颗 LED 的坐标都可以用 d_x 和 d_y 来表示。根据式（5-4）和式（5-17）可以写出该阵列在目标面上的辐照度表达式

$$E(x, y, z) = z^{m+1}I_0 \sum_{i=\frac{-(N-1)}{2}}^{\frac{(N-1)}{2}} \sum_{j=\frac{-M}{2}}^{\frac{(M-2)}{2}} \left[(x+id_x)^2 + \left(y - (2j+1)\frac{d_y}{2} \right)^2 + z^2 \right]^{-\frac{(m+3)}{2}}$$

$$(5\text{-}18)$$

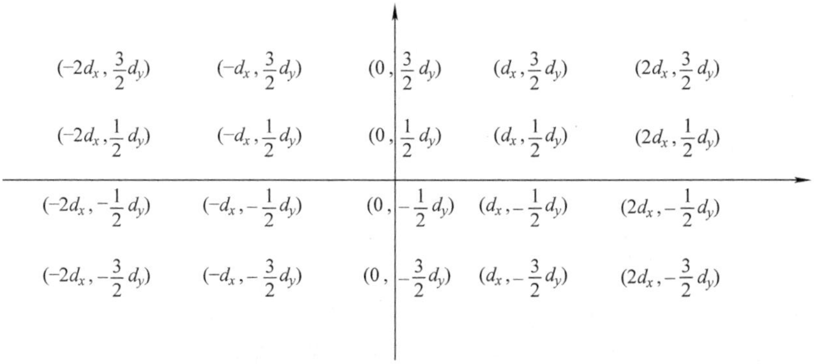

$(-2d_x, \frac{3}{2}d_y)$	$(-d_x, \frac{3}{2}d_y)$	$(0, \frac{3}{2}d_y)$	$(d_x, \frac{3}{2}d_y)$	$(2d_x, \frac{3}{2}d_y)$
$(-2d_x, \frac{1}{2}d_y)$	$(-d_x, \frac{1}{2}d_y)$	$(0, \frac{1}{2}d_y)$	$(d_x, \frac{1}{2}d_y)$	$(2d_x, \frac{1}{2}d_y)$
$(-2d_x, -\frac{1}{2}d_y)$	$(-d_x, -\frac{1}{2}d_y)$	$(0, -\frac{1}{2}d_y)$	$(d_x, -\frac{1}{2}d_y)$	$(2d_x, -\frac{1}{2}d_y)$
$(-2d_x, -\frac{3}{2}d_y)$	$(-d_x, -\frac{3}{2}d_y)$	$(0, -\frac{3}{2}d_y)$	$(d_x, -\frac{3}{2}d_y)$	$(2d_x, -\frac{3}{2}d_y)$

图 5-19　4×5 矩形 LED 阵列排布的坐标图

仍然使用式（5-6）作为评价函数。这个优化的阵列中有两个要优化的变量 dx，dy。通过模拟退火算法可以得到最佳横向和纵向间距 $dx = 11.54$，$dy = 12.99$。优化后的 LED 阵列分布如图 5-20 所示，图 5-21 为优化后的 LED 阵列在目标面上产生的辐照度分布，我们可以看出辐照度分布很均匀，均匀度计算结果为 95%。

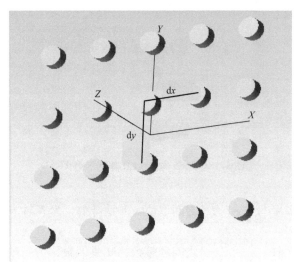

图 5-20　4×5 矩形 LED 阵列排布的效果图

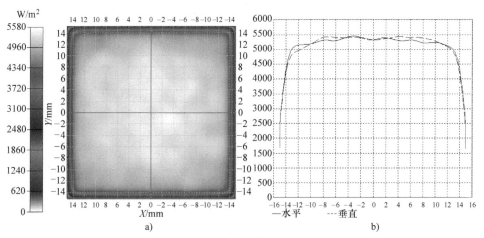

图 5-21　优化后的 4×5 矩形 LED 阵列产生的辐照度分布和轮廓

a）辐照度分布　b）辐照度轮廓

案例 4：复杂发光强度分布的 LED 形成的不规则阵列优化设计

为了证实这种方法的强大功能，这里优化一个复杂的 LED 阵列，该阵列是一个不规则的 LED 阵列，因此优化的变量非常多。在这个阵列中每颗 LED 有特殊的发光强度分布如图 5-22 所示。这种特殊发光强度是由于应用了一个特殊的透镜在 LED 后面而产生的。这个特殊的透镜是这样形成的，在一个平板上挖一个圆锥形的腔，如图 5-23 所示。其中图 5-23a 和 b 是这个透镜的二维和三维轮廓图。

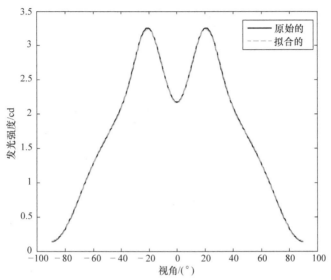

图 5-22　加了特殊透镜之后的 LED 的发光强度分布

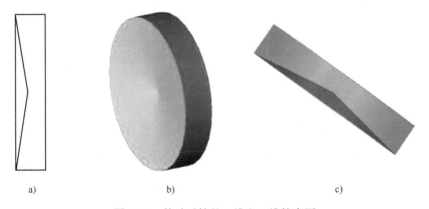

a)　　　　　　　　　　b)　　　　　　　　　　c)

图 5-23　特殊透镜的二维和三维轮廓图

从图 5-22 可以看出这个发光强度分布不是朗伯分布，因此无法用式（5-1）准确地拟合出来，拟合这个发光强度分布使用了关于 $\cos\theta$ 的多项式如下：

$$I(\theta) = a_8 \cos^8\theta + a_7 \cos^7\theta + \cdots + a_1\cos\theta + a_0 \tag{5-19}$$

式中，a_8，a_7，$\cdots$，a_0 是多项式的拟合系数。在图 5-22 中，点画线代表了通过式（5-19）拟合出来的发光强度分布曲线。我们也计算了拟合曲线和原始发光强度分布曲线的 NCC 为 99.99%。这表明了拟合的精度非常高。使用这个目前的发光强度表达式，目标面上的辐照度表达式为

$$E(x_p, y_q, z) = \sum_{i=1}^{n} \left(\sum_{k=0}^{9} \frac{z^{k+1} a_k}{\left[(x_p - X_i)^2 + (y_q - Y_i)^2 + z^2 \right]^{\frac{k+3}{2}}} \right) \quad (5\text{-}20)$$

有了辐照度表达函数，可以使用相同的方法优化阵列。在这个阵列里，有 4 颗相同的 LED，其发光强度分布如图 5-24 中的实线所示，其他 3 颗 LED 有相同的发光强度分布，如图中点画线所示，点画线代表的发光强度是实线代表的发光强度的 1.5 倍。这个阵列并没有约束其具体的排布形状，因此每颗 LED 的位置坐标都要作为优化的变量，这样 7 颗 LED 就有 14 个变量了。优化过程中使用的初始条件如表 5-2 所示，使用的评价函数为式（5-5），当评价函数的值达到了 0.083，优化就停止下来了。经过优化，LED 阵列排列如图 5-25 所示。图 5-25 中的菱形和圆形分别代表发光强度为实线和点画线的 LED。图 5-26 为优化后的 LED 阵列在目标面上产生的辐照度分布和轮廓。这个均匀度的计算结果为 87%。

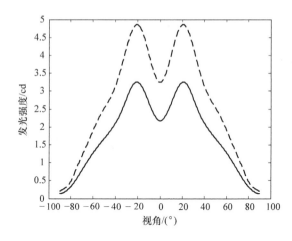

图 5-24   第三个阵列中两种类型 LED 的发光强度分布曲线

表 5-2   优化不规则 LED 阵列的初始条件

目标面尺寸 /mm	LED 阵列面与目标面之间的距离 /mm	初始温度/℃	停止条件	
			OFV	COFV
40×40	50	5000	≤0.1	≤10⁻¹⁰

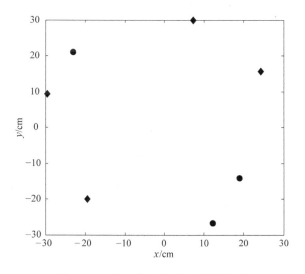

图 5-25   不规则阵列优化后的排布图

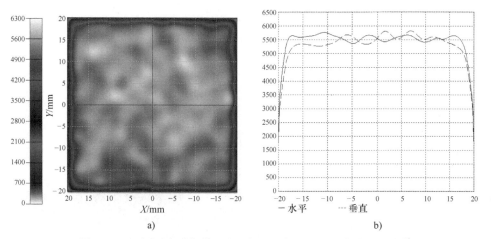

a)   b)

图 5-26   不规则阵列优化后在目标面上产生的辐照度分布和轮廓
a）辐照度分布   b）辐照度轮廓

5.2   大颗数 LED 阵列的设计

对于照明大面积的目标面需要颗数比较多的 LED，使用前面介绍的方法设计，运算量比较大，过程比较复杂。这里介绍一种方法，先使用前面介绍的 LED 阵列优化设计方法，设计一些基本阵列模块，这些基本阵列模块会在目标面上产生均匀的辐照度分布。基本阵列模块的颗数比较少，有了基本阵列模块按一定的规则进行扩展就可以形成大颗数的 LED 阵列。

5.2.1 基本 LED 阵列模块的形成

通过前面介绍的方法，可以优化设计由 4、5、6、7 颗 LED 构成的阵列，优化过程中寻找评价函数的最小值使用了随机游走的方法，详细的过程见参考文献 [3]。优化后的阵列排布如图 5-27a ~ d 所示。优化后的这些阵列被作为基本阵列模块，这些基本阵列模块在目标面上产生了均匀的辐照度分布如图 5-28 所示。

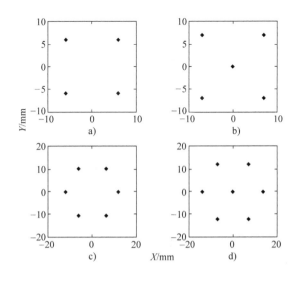

图 5-27　LED 阵列基本模块示意图

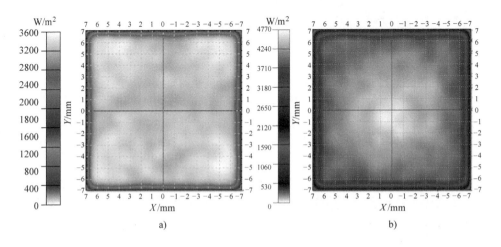

图 5-28　LED 基本阵列模块在目标面上的辐照度分布

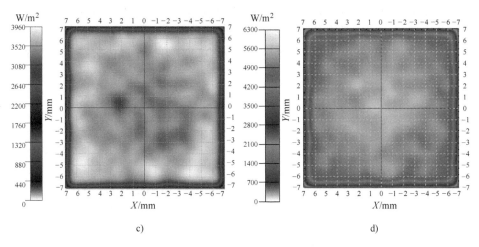

图 5-28　LED 基本阵列模块在目标面上的辐照度分布（续）

5. 2. 2　大颗数 LED 阵列的形成方法

以一个 5 颗 LED 构成的基本阵列为例，如图 5-27b 所示。将这个基本阵列扩展成一个大颗数 LED 阵列如图 5-29 所示。5 颗 LED 构成的基本阵列是一个矩形阵列，一颗 LED 位于矩形阵列的中心，另外 4 颗 LED 位于矩形的 4 个顶点。为了简化问题，先讨论沿着 X 轴方向扩展阵列。如图 5-29 所示，用矩形框起来的基本阵列（左侧矩形）作为一个母阵列，右侧矩形框中的阵列为复制阵列，

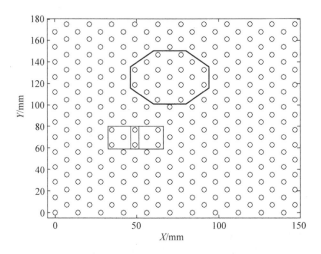

图 5-29　LED 的基本阵列（5 颗）扩展成一个大颗数的 LED 阵列，
并在大颗数 LED 阵列中选出一个普通阵列

这两个阵列共用了 2 颗 LED，接下来把这个复制阵列作为一个新的母阵列继续扩展下去。可以按同样的方法在 Y 轴方向进行扩展，这样就可以形成一个大颗数的 LED 阵列如图 5-29 所示。在这个大颗数的 LED 阵列中选择所需要的颗数 LED作为一个阵列，该阵列称为普通阵列模块。使用这种方法选择 21颗 LED 作为一个普通阵列，如图 5-29 中一个多边形所框选的LED，图 5-30 是这个普通阵列模块的放大图。这个 21 颗 LED 构成的普通阵列模块在目标面上产生的辐照度分布和轮廓如图 5-31所示。该阵列产生了均匀的辐照度分布和轮廓，辐照度均匀度为

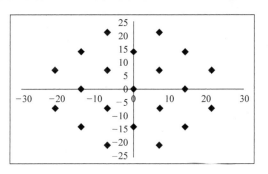

图 5-30 21 颗 LED 构成的普通阵列

95%。在选择普通阵列的时候，尽量使阵列中的 LED 保持对称性和连续性。

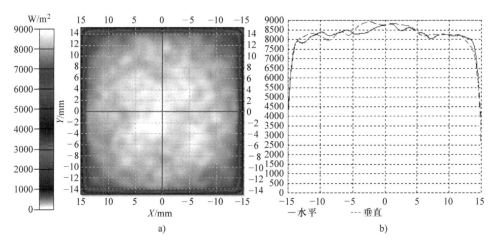

图 5-31 21 颗 LED 构成的普通阵列模块在目标面上产生的辐照度分布和轮廓

a）辐照度分布 b）辐照度轮廓

参 考 文 献

［1］Zhouping Su, Donglin Xue, Zhicheng Ji. Designing LED array for uniform illumination distribution by simulated annealing algorithm ［J］. Opt Express, 2012, 20 (6)：A843 - A855.

［2］王加文，苏宙平，袁志军，等. LED 阵列模组化中的照度均匀性问题 ［J］. 光子学报，2014, 43 (8)：0822004.

［3］Ding - hui Wu, Jia - wen Wang, Zhou - ping Su. Optimization and integration of LED array for uniform illumination distribution〔J〕, Optoelectronics Letters, 2014, 10 (5): 0336 – 0339.

〔4〕Z. R. Zheng, X Hao, X. Liu. Freeform surface lens for LED uniform illumination〔J〕. Appl. Opt. , 2009, 48: 6627 – 6634.

〔5〕I. Moreno, M. Avendaño – Alejo, R. I. Tzonchev. Designing light – emitting diode arrays for uniform near – field irradiance〔J〕. App. Opt. , 2006, 45: 2265 – 2272.

〔6〕A. J. – W. Whang, Y. – Y. Chen, Y. – T. Teng. Designing uniform illuminance systems by surface – tailored lens and configurations of LED arrays〔J〕. J. Disp. Technol. , 2009, 5: 94 – 103.

〔7〕A. H. Teller, E. Teller. Equation of state calculations by fast computing machines〔J〕. J. Chem. Phys. , 1953, 21: 1087 – 1092.

〔8〕S . Kirkpatrick, C. D. Gelatt Jr, M. P. Vecchi. Optimization by Simulated Annealing〔J〕. Science, 1983, 220: 671 – 680.

〔9〕V. Cerny. Thermodynamical approach to the traveling salesman problem: an efficient simulation algorithm〔J〕. J. Opt. Theory Appl. , 1985, 45: 41 – 51.

〔10〕P. J. van Laarhoven, E. H. Aarts. Simulated annealing, in Simulated Annealing : Theory and Applications〔M〕. Dordrecht: Kluwer Academic Publishers, 1987.

〔11〕L. Wang, H. Y. Zhang, X. P Zheng. Inter – domain routing based on simulated annealing algorithm in optical mesh networks〔J〕. Opt. Express, 2004, 12: 3095 – 3107.

〔12〕W. T. Chien, C. C. Sun, I. Moreno, Precise optical model of multi – chip white LEDs〔J〕. Opt. Express, 1998, 15: 7572 – 7577.

第6章　球形 LED 阵列辐照度均匀化技术

6.1　球形 LED 阵列设计理论

首先分析当单颗 LED 位于球面上任意一点，在目标面上产生的辐照度分布，如图 6-1 所示。坐标原点 O 点是球面的球心，LED 位于球面上的 P 点，球面的半径为 R，P 点的坐标是（X_k，Y_k，Z_k），P 点的坐标满足

$$X_k^2 + Y_k^2 + Z_k^2 = R^2 \qquad (6\text{-}1)$$

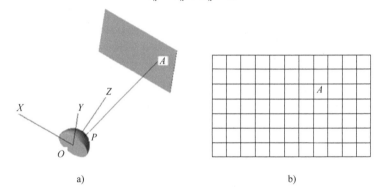

图 6-1　固定于球面上的单颗 LED 照明系统示意图

目标面被分成 $M \times N$ 采样网格如图 6-1b 所示。假设目标面上有任意一点 A 其坐标为（x_i，y_j，z）。矢量 **OP** 为 LED 的法向矢量，用矢量 **PA** 来表示从光源所在位置 P 点出射的并照到目标面上 A 点的光线。矢量 **OP** 和 **PA** 可以用下式来表示：

$$\boldsymbol{OP} = X_k \boldsymbol{i} + Y_k \boldsymbol{j} + Z_k \boldsymbol{k} \qquad (6\text{-}2)$$
$$\boldsymbol{PA} = (x_i - X_k)\boldsymbol{i} + (y_j - Y_k)\boldsymbol{j} + (z - Z_k)\boldsymbol{k} \qquad (6\text{-}3)$$

式中，$\boldsymbol{i}$、$\boldsymbol{j}$ 和 $\boldsymbol{k}$ 分别表示 X、Y 和 Z 方向的单位矢量。

单颗 LED 在 A 点产生的辐照度可以用下式来计算：

$$E = \frac{I(\theta)\cos\theta}{L^2} \qquad (6\text{-}4)$$

矢量 **PA** 表示的光线与 LED 的方向矢量 **OP** 的夹角为 θ，$I(\theta)$ 就是沿着矢量 **PA** 方向的发光强度，当 LED 为朗伯发光源时，其发光强度分布如式（5-1）所

示。θ 是矢量 $\boldsymbol{OP}$ 和 $\boldsymbol{PA}$ 之间的夹角，因此可以计算 θ 的余弦

$$\cos\theta = \frac{\boldsymbol{OP} \cdot \boldsymbol{PA}}{|\boldsymbol{OP}||\boldsymbol{PA}|} \tag{6-5}$$

将式（6-2）和式（6-3）代入到式（6-5），可以得到

$$\cos\theta = \frac{(x_i - X_k)X_k + (y_j - Y_k)Y_k + (z - Z_k)Z_k}{(X_k^2 + Y_k^2 + Z_k^2)^{\frac{1}{2}}[(x_i - X_k)^2 + (y_j - Y_k)^2 + (z - Z_k)^2]^{\frac{1}{2}}} \tag{6-6}$$

根据式（5-1）、式（6-4）、式（6-6），位于 P 点处的 LED 在目标面上的 A 点产生的辐照度为

$$E_k(x_i, y_j, z) = \frac{I_0[(x_i - X_k)X_k + (y_j - Y_k)Y_k + (z - Z_k)Z_k]^{m+1}R^{-(m+1)}}{[(x_i - X_k)^2 + (y_j - Y_k)^2 + (z - Z_k)^2]^{\frac{m+3}{2}}} \tag{6-7}$$

接下来我们分析由 n 颗 LED 构成的球形阵列在照明面上产生的辐照度分布。一个球形 LED 照明系统的示意图如图 6-2 所示，所有的 LED 都分布在球面上。

n 颗 LED 构成的球形阵列在目标面上产生的辐照度为

$$E(x_i, y_j, z) = \sum_{k=1}^{n} \frac{I_0[(x_i - X_k)X_k + (y_j - Y_k)Y_k + (z - Z_k)Z_k]^{(m+1)}R^{-(m+1)}}{[(x_i - X_k)^2 + (y_j - Y_k)^2 + (z - Z_k)^2]^{\frac{m+3}{2}}} \tag{6-8}$$

这样可以获得目标面上所有采样点的辐照度 $[E(x_i, y_j, z), i = 1, \cdots, M; j = 1, \cdots, N]$。可以看出，辐照度是一个关于 LED 坐标变量 $(X_1, Y_1, Z_1 \cdots, X_k, Y_k, Z_k \cdots, X_n, Y_n, Z_n)$ 的函数。为了评价辐照度的均匀性，使用非均匀度系数（IEC 60904 −9 标准）作为评价函数［见式（6-9）］，评价函数的值越小，目标面上的辐照度越均匀：

$$f(X_1, Y_1, Z_1 \cdots, X_k, Y_k, Z_k \cdots, X_n, Y_n, Z_n) = \frac{\mathrm{Max}[E(x_i, y_j, z)] - \mathrm{Min}[E(x_i, y_j, z)]}{\mathrm{Max}[E(x_i, y_j, z)] + \mathrm{Min}[E(x_i, y_j, z)]} \tag{6-9}$$

$\mathrm{Max}[E(x_i, y_j, z)]$ 和 $\mathrm{Min}[E(x_i, y_j, z)]$ 是目标面上所有采样点中的最大和最小辐照度。很明显非均匀度取决于所有 LED 的坐标。为了产生高均匀的辐照度分布，这个评价函数越小越好。通过优化 LED 阵列中各 LED 的坐标，可以使评价函数达到最小值。这样 LED 阵列的优化设计问题转化为了关于评价函

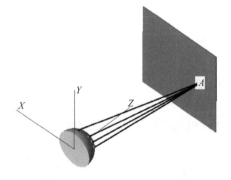

图 6-2　球形 LED 阵列照明示意图

数最小值的搜索问题。这里使用遗传算法来寻找评价函数的最小值。

6.2 遗传算法设计

遗传算法被用来搜索评价函数的最小值,如式(6-9)所示,评价函数的自变量是所有 LED 的位置坐标。通过寻找最佳的 LED 位置坐标,可以使评价函数的值最小,这样使辐照度分布的均匀性变好,优化后的 LED 可以在照明面上产生高的均匀度。遗传算法是一种全局搜索算法,基于自然选择和自然遗传的概念。遗传算法普遍包括了以下几个过程:

1. 初始化

开始,许多个体(染色体)被随机产生形成一个初始的种群。在我们的优化中,每个独立的个体表示一组 LED 的坐标(阵列中所有 LED),然后计算和评价初始种群的适应度值。

2. 评价适应度

适应度函数是用来计算每个个体的适应度值,适应度值决定了个体距离最优解的远近。

3. 选择

根据适应度值,父代个体被选择产生新一代个体,适应度较好的那些个体容易被选择产生新的个体。新一代的个体组合了父代个体的一些特征。

4. 交叉

以一定的概率,两个父代的染色体可以被随机的组合交叉产生子代个体,当然也存在这种概率,没有发生交叉,子代只是完全复制了父代的个体。

5. 变异

经过选择和交叉,一个新的种群产生了,在这个种群中,一些个体是直接复制了父代的染色体,一些个体是经过交叉之后产生的。为了保持种群的多样性,个体会有很小的概率发生变异。变异会使染色体中的一两个基因随机地发生变化。

这将会使基因库中出现新的基因。有了这些新的基因,遗传算法可以取得更好的解。

6. 终止

当满足下列条件时,优化将会停止:

1)进化代数达到了 2000 代;

2)在 1500 代的进化过程中,适应度函数的累积变化小于 10^{-8}。

下面将设计两个球形 LED 阵列的例子来验证这种方法。第一个例子是 LED 对称分布在一个球面上,照明目标面是一个平面;第二个例子是 LED 随机地分布在一个球面上，照明的目标面是一个球形目标面。

6.3 对称分布的球形 LED 阵列照明平面目标面

这个阵列包含了 12 颗相同的 LED，阵列中的每颗 LED 是一个完美的朗伯光源。这 12 颗 LED 分布在两个环上，每个环上分布 6 颗 LED，这两个环处于不同的两个截面上，如图 6-3 所示。每个环上的 6 颗 LED 是等角间隔分布在该环上。两个环上对应的 LED 之间有一定的错位，假设角间隔为 $\Delta\varphi$。

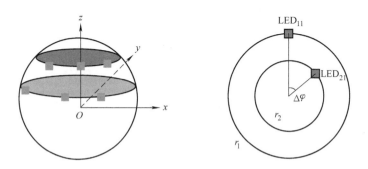

图 6-3 球面上两环 LED 阵列分布的二维和三维示意图

根据图 6-4a 可以计算两个环的半径分别为

$$r_1 = R\sin\theta_1 , \ r_2 = R\sin\theta_2 \tag{6-10}$$

第一个环（下面）的第 k 个 LED 坐标分别为（X_{1k}, Y_{1k}, Z_{1k}），第二个环（上面）的第 k 个 LED 坐标分别为（X_{2k}, Y_{2k}, Z_{2k}），n 为每个环上的 LED 颗数。

$$X_{1k} = r_1\cos\left(\frac{2\pi(k-1)}{n}\right), Y_{1k} = R\sin\left(\frac{2\pi(k-1)}{n}\right), Z_{1k} = R\cos\theta_1 \tag{6-11}$$

$$X_{2k} = r_2\cos\left(\frac{2\pi(k-1)}{n} - \Delta\varphi\right), Y_{2k} = r_2\sin\left(\frac{2\pi(k-1)}{n} - \Delta\varphi\right), Z_{2k} = R\cos\theta_2$$

$$\tag{6-12}$$

这 12 颗 LED 形成的球形阵列在目标面上任一点（x_i, y_j, z）产生的辐照度分布如下：

$$
\begin{aligned}
E(x_i, y_j, z) = &\sum_{k=1}^{6} \frac{I_0\left[(x_i - X_{1k})X_{1k} + (y_j - Y_{1k})Y_{1k} + (z - Z_{1k})Z_{1k}\right]^{(m+1)} R^{-(m+1)}}{\left[(x_i - X_{1k})^2 + (y_j - Y_{1k})^2 + (z - Z_{1k})^2\right]^{\frac{m+3}{2}}} \\
&+ \sum_{k=7}^{12} \frac{I_0\left[(x_i - X_{2k})X_{2k} + (y_j - Y_{2k})Y_{2k} + (z - Z_{2k})Z_{2k}\right]^{(m+1)} R^{-(m+1)}}{\left[(x_i - X_{2k})^2 + (y_j - Y_{2k})^2 + (z - Z_{2k})^2\right]^{\frac{m+3}{2}}}
\end{aligned}
$$

$$\tag{6-13}$$

根据辐照度分布函数式（6-13）和式（6-9）可以构建该阵列优化的评价函

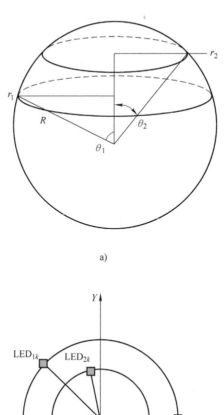

a)

b)

图 6-4 LED 位置坐标计算示意图

数，评价函数中的自变量为每颗 LED 的坐标，阵列中每颗 LED 与 3 个变量（θ_1，θ_2，$\Delta\varphi$）有关系，这 3 个变量表示的意义可以参考图 6-4。本案例优化过程中的初始条件如表 6-1 所示。

表 6-1 球形阵列优化的初始条件

球面半径/mm	目标面的尺寸/mm	目标面和球面之间距离/mm	初始种群数量
60	50×50	100	40

经过优化，得到了三个变量的最优值分别为 $\theta_1 = 24.7°$，$\theta_2 = 29.9°$ 和 $\Delta\varphi = 30°$。图6-5a 为优化后的 LED 阵列。这个优化后的 LED 阵列在 $x-y$ 平面的投影如图 6-5b 所示。阵列 1 中的第 1 颗 LED 与阵列 2 中的第 1 颗 LED 之间的间隔 $\Delta\varphi = 30°$。

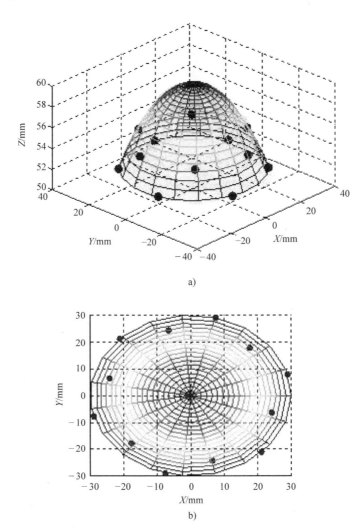

图 6-5　对称分布在球面上的 LED 阵列优化之后的排布图
a）三维视图　b）二维视图

优化后的 LED 阵列在目标面上产生了均匀的辐照度分布和轮廓如图 6-6 所示，经过计算目标面上的辐照度均匀度达到了 94% 。

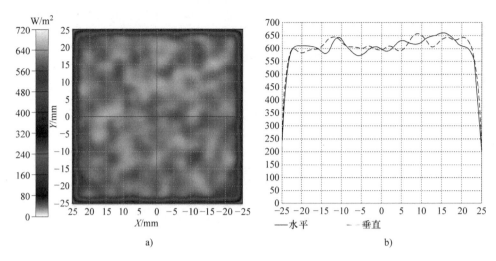

a)　　　　　　　　　　　　　　　b)

图 6-6　对称分布的球形阵列优化之后的辐照度分布和轮廓

a）辐照度分布　b）辐照度轮廓

6.4　非对称分布的球形 LED 阵列照明球形目标面

此外，设计了一个球形阵列可以用来照明一个球形目标面。这个阵列包含了两种类型的 LED，每种类型有 3 颗相同的 LED，这两种类型的 LED 发光强度分布如图 6-7 所示。实线和点画线分别代表了这两种类型 LED，这两种类型 LED 对应 $m = 1$ 和 $m = 3$ ［m 的意义见式（5-1）］。

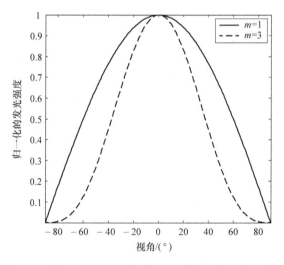

图 6-7　不同 m 值的两种类型 LED 的发光强度分布曲线

　　球形目标面如图 6-8 所示，图 6-8a 和 b 分别是二维和三维视图，这个球形目标面的半径是 60mm。

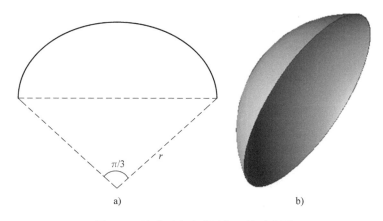

图 6-8　照明面为球形目标面的示意图
a) 二维视图　b) 三维视图

　　在这个设计中，所有的 LED 可以在球面自由地游走，没有对称性的约束，在优化中，所有 LED 的坐标设为了变量，每颗 LED 有 3 个坐标，但是 LED 只能在一个半径为 65mm 的球面上移动。所以实际上有 2 个坐标就可以决定 LED 在球面上的位置，也就说有 12 个变量需要优化，该阵列在目标面上产生的辐照度分布由式（6-8）来表示，优化过程中构建的评价函数如式（6-9）所示。

　　很明显非对称分布的 LED 阵列需要优化更多的变量，所以设置了更大的初始种群数量，优化这个阵列的初始条件如表 6-2 所示。通过优化，LED 阵列如图 6-9 所示。图 6-9a 是优化后的 LED 阵列的三维视图，图 6-9b 是 LED 阵列在 $x - y$ 平面的投影视图。这个非对称分布的 LED 阵列在目标面上产生了高均匀度的辐照度分布如图 6-10 所示，这个阵列的均匀度计算结果为 92%。

表 6-2　非对称阵列优化的初始条件

球面阵列的半径 /mm	球形目标面半径 /mm	球形目标面的中心和球形阵列的中心之间的距离/mm	种群的数量
65	60	100	120

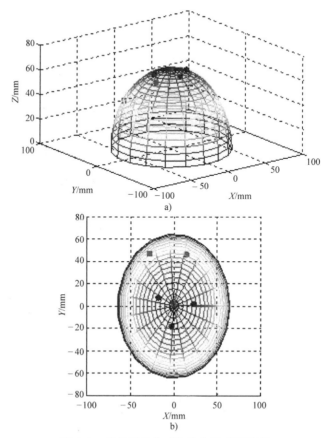

图 6-9   优化后的非对称分布的球形阵列

a）三维视图   b）二维视图

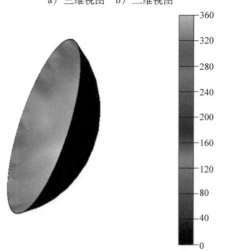

图 6-10   优化后的非对称分布阵列在照明面上的辐照度分布

参 考 文 献

[1] Yanxia Shen, Zhicheng Ji, Zhouping Su. Optimizing spherical light – emitting diode array for highly uniform illumination distribution by employing genetic algorithm [J]. J. Photon. Energy, 2013, 3 (1): 034594.

[2] I. Moreno, J. Muñoz, R. Ivanov. Uniform illumination of distant targets using a spherical light – emitting diode array [J]. Opt. Eng. , 2007, 46: 33001 – 33001.

[3] Z. P. Su, Xue D. L. Xue, Z. C. Ji. Designing LED array for uniform illumination distribution by simulated annealing algorithm [J]. Opt. Express, 2012, 20 (S6): A843 – A855.

[4] A. J. – W. Whang, Y. – Y. Chen, Y. – T. Teng. Designing Uniform Illuminance Systems by Surface – Tailored Lens and Configurations of LED Arrays [J]. J. Disp. Technol. , 2009, 5 (3): 94 – 103.

[5] C. Li, Y. Fang, M. Cheng. Study of optimization of an LCD light guide plate with neural network and genetic algorithm [J]. Opt. Express, 2009, 17 (12): 10177 – 10188.

[6] R. L. Haupt, S. E. Haupt. Practical Genetic Algorithms [M]. Hoboken: Wiley John & Sons, 2004.

[7] L. Davis. Handbook of Genetic Algorithms [M]. New York: Van Nostrand Reinhold, 1991.

[8] Y. Fang, C. Tsai, C. Chung. A study of optical design and optimization of zoom optics with liquid lenses through modified genetic algorithm [J]. Opt. Express, 2011, 19 (17): 16291 – 16302.

第7章 用于太阳能聚光的菲涅耳透镜设计

太阳能作为一种储量丰富、可持续使用的清洁的能源正被广泛地使用。其中光伏技术是直接将太阳的光能转换为电能的技术，是使用太阳能的一种普遍性技术。为了提高太阳能的利用率，通常要设计一个聚光系统将大面积的太阳能会聚到小面积的太阳电池上。常用的聚光元件有折射式元件如菲涅耳透镜和反射式元件如复合反光杯等。本章将针对折射式聚光元件——菲涅耳透镜的设计原理与方法展开讨论。

7.1 用于太阳能集光的菲涅耳透镜设计原理

透镜是一种典型的折射式光学元件，可以将太阳光会聚在太阳电池上，如图7-1所示。为了会聚更多的太阳能，透镜的口径要做得比较大，这样透镜就会变得很重，使用的材料也较多。特别是将透镜置于追日系统中时，透镜的重量越大，给追日系统造成的负荷越大。

与常规的透镜相比，菲涅尔透镜可以实现常规透镜的功能，同时也可以有效地减轻重量，其工作原理很简单，如图7-2所示。假设透镜

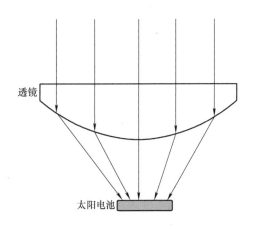

图 7-1 常规透镜会聚太阳光到太阳电池表面

材料的折射率是均匀分布的，那么透镜的折射都是发生在表面上，即空气与透镜材料的界面上，菲涅耳透镜就是保持了透镜表面的曲率，把多余的材料去掉，如图7-2a、b所示，阴影部分中的材料被去掉，不会改变光线的走向。因此表面看起来是一环一环的锯齿状的沟槽结构，很像螺纹的结构。与传统的透镜相比，菲涅耳透镜加工的误差可能会大一些，但在非成像光学领域对公差的要求普遍比较低（与成像光学相比较），因此菲涅耳透镜在太阳能集光系统中的使用非常普遍。

如果将菲涅耳透镜作为一个聚焦透镜，直接把太阳光聚焦在太阳电池上如图7-3所示。这样尽管将太阳光会聚在了太阳电池上，但是太阳光在电池表面的辐

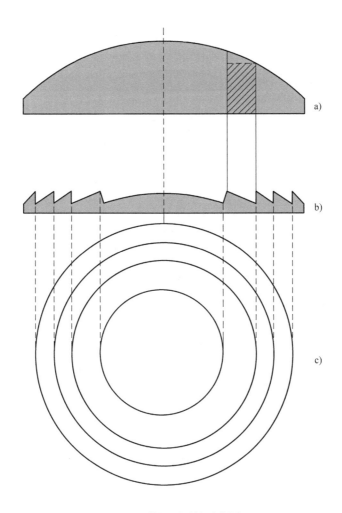

图 7-2　菲涅耳透镜示意图

射通量分布并不均匀，这种情况不仅仅会影响光电转换效率，甚至在一些极端情况下会烧坏太阳电池。

　　因此通过菲涅耳透镜将太阳光折射到了太阳电池的表面，产生均匀的辐照度分布将是设计过程中需要重点考虑的问题。设计思路就是将入射到透镜的太阳光束按截面积进行等能量分割，控制等能量的太阳光入射到太阳电池等面积的区域如图 7-4 所示。

7.1.1　等分入射到菲涅耳透镜上的光能

　　菲涅耳透镜按等宽模式进行设计如图 7-5 所示，透镜的半口径为 D，菲涅耳

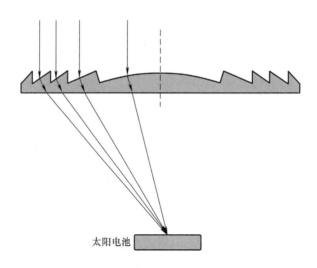

图 7-3　菲涅耳透镜聚焦太阳能到电池上

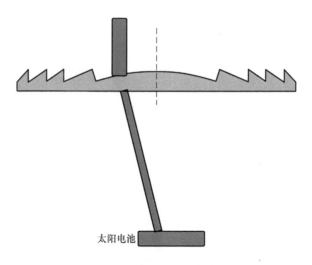

图 7-4　控制等能量的光入射到等面积的区域

透镜分成 N 个等宽环带,则每个环带的宽度为 d,则有 $d = \dfrac{D}{N}$。设电池的半口径

为 W,同样将电池也按等宽度划分为 N 个区域,每个环带的宽度为 $w = \dfrac{W}{N}$。控制

入射到菲涅耳透镜上面第 j 个环带的光要入射到电池上的第 j 个环形区域,这样
还不能保证电池上的辐通量分布是均匀的,所以要对每个环带进行继续细分。

如图 7-6 所示,该环带是位于半径 R_j 和 R_{j+1} 之间,该环带的宽度为

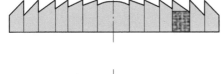

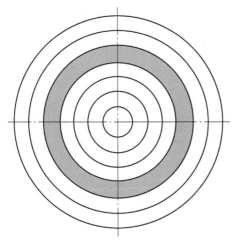

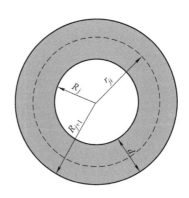

图 7-5　等宽模式的菲涅耳透镜　　　　　图 7-6　对菲涅耳透镜上的第 j 个
环带进行等间隔划分

$$\Delta R = R_{j+1} - R_j = d \tag{7-1}$$

将该环带按等间距分割为 M 份，则每一份间距的宽度为

$$\Delta r = \frac{d}{M} \tag{7-2}$$

半径 R_j 可以表示为

$$R_j = jd \tag{7-3}$$

这样可以求得第 j 个环带上的任意一个等分点的半径 r_{ji} 为

$$r_{ji} = R_j + i\Delta r \tag{7-4}$$

用同样的方法可以将太阳电池表面中的第 j 个环形区域进行等间隔划分，任一等间隔分割点的半径为 t_{ji}。控制入射到菲涅耳透镜的第 j 个环带上的 r_{ji} 与 r_{ji+1} 区域的太阳光进入到太阳电池上的 t_{ji} 与 t_{ji+1} 区域，这样在太阳电池表面上就可以产生均匀的辐照度分布。

7.1.2　菲涅耳面的设计原理与方法

如图 7-7 所示，菲涅耳透镜的上表面为平面，下表面为菲涅耳面，太阳光垂直入射到菲涅耳透镜的上表面。针对第 j 个环带上的菲涅耳面进行计算。将该环带进行等面积分割的半径为 r_{ji}，在计算过程中采样光线选取的是这些过半径分割

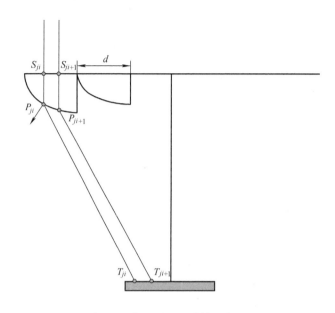

图 7-7　菲涅耳面的计算示意图

点的光线，即采样光线与菲涅耳透镜上表面的交点为 $S_{ji}(x_{ji}, 0)$，其中 $x_{ji} = r_{ji}$，上表面的各点的纵坐标都设为 0。光线通过上表面之后，光线方向不发生变化。通过 $S_{ji}(x_{ji}, 0)$ 的光线入射到下表面的 P_{ji} 点，假设 P_{ji} 点的坐标为 (x_{ji}, y_{ji})。接下来求与 P_{ji} 点相邻的采样点 P_{ji+1} 的坐标，也是寻找 P_{ji} 和 P_{ji+1} 之间的迭代关系，有了这种迭代关系，根据初始条件，可以求出菲涅耳面上所有点的坐标。

光线经过透镜上表面的 S_{ji} 点入射到 P_{ji} 点，入射光的单位矢量如下：

$$I_{ji} = [0, -j] \tag{7-5}$$

入射光经过菲涅耳面的 P_{ji} 点折射到太阳电池表面上的 T_{ji} 点，该点的坐标为 (X_{ji}, Y_{ji})，太阳电池的位置在初始设计的时候就已经确定，这样电池表面各采样点的纵坐标是确定的。太阳电池上各采样点的横坐标是每个区域内各等间隔分割点 t_{ji}，因此太阳电池上任意点 T_{ji} 的坐标 (X_{ji}, Y_{ji}) 都是已知的。经过菲涅耳面的 P_{ji} 点到太阳电池表面上的 T_{ji} 点的出射光线的单位矢量如下：

$$O_{ji} = \left[\frac{X_{ji} - x_{ji}}{\sqrt{(X_{ji} - x_{ji})^2 + (Y_{ji} - y_{ji})^2}} i, \ \frac{Y_{ji} - y_{ji}}{\sqrt{(X_{ji} - x_{ji})^2 + (Y_{ji} - y_{ji})^2}} j \right] \tag{7-6}$$

根据折射定律的矢量形式为

$$[1 + n^2 - 2n (\mathbf{Out} \cdot \mathbf{In})]^{1/2} \cdot \mathbf{N} = \mathbf{Out} - n\mathbf{In} \tag{7-7}$$

可以求得过 P_{ji} 点单位法向矢量 N_{ji}，从而求得过 P_{ji} 点的切线斜率为

$$k_{1i} = \frac{X_{1i} - x_{1i}}{(Y_{1i} - y_{1i}) + n \sqrt{(X_{1i} - x_{1i})^2 + (Y_{1i} - y_{1i})^2}} \tag{7-8}$$

过 P_{1i} 点的切线与过 S_{1i+1} 点的光线交于 P_{1i+1} 点，其坐标为 (x_{1i+1}, y_{1i+1})，其中 P_{1i+1} 点在 x 轴方向的坐标与 S_{1i+1} 点在 x 轴方向坐标相同，因此只需要求 P_{1i+1} 点的纵坐标 y_{1i+1}。过 P_{1i} 点的切线斜率又可以表示为

$$k_{1i} = \frac{y_{1i+1} - y_{1i}}{x_{1i+1} - x_{1i}} \tag{7-9}$$

联立式（7-8）和式（7-9）可以得到

$$y_{1i+1} = \frac{(X_{1i} - x_{1i})(x_{1i+1} - x_{1i})}{(Y_{1i} - y_{1i}) + n \sqrt{(X_{1i} - x_{1i})^2 + (Y_{1i} - y_{1i})^2}} + y_{1i} \tag{7-10}$$

这样就得到了相邻两个采样点之间的迭代关系。第 j 个环的起始点的纵坐标为 0，利用这种迭代关系就可以求出第 j 个环带上所有采样点的坐标。利用相同的思路可以计算每个环带的菲涅耳面的坐标点，这样就可以设计出菲涅耳透镜。

7.1.3 菲涅耳透镜设计案例

使用表 7-1 中的参数，利用上面的方法，设计了菲涅耳透镜如图 7-8 所示，该图为菲涅耳透镜的二维视图，图 7-8b 为菲涅耳透镜追迹光线的二维视图。

表 7-1 设计菲涅耳透镜的主要参数

透镜半口径/mm	100
透镜边缘厚度/mm	8
太阳电池的半口径/mm	10
透镜上表面距电池的距离/mm	500
透镜材料	PMMA
设计波长/μm	0.546

图 7-9 为菲涅耳透镜的三维视图，图 7-9b 为对菲涅耳透镜追迹光线的三维视图。

图 7-10 为太阳光经过菲涅耳透镜后照射在太阳电池表面上的辐照度分布，从图 7-10 可以看出辐照度是比较均匀的，表明了设计的菲涅耳透镜可以有效地会聚在电池上，而且使太阳光的辐通量能够均匀地分布在电池的表面。

a)

b)

图 7-8　菲涅耳透镜的二维视图

a）没有光线　b）有光线

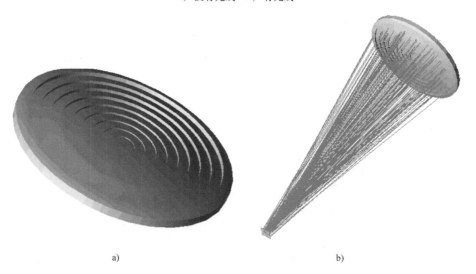

a)　　　　　　　　　　　　　　　　b)

图 7-9　菲涅耳透镜的三维视图

a）没有光线　b）有光线

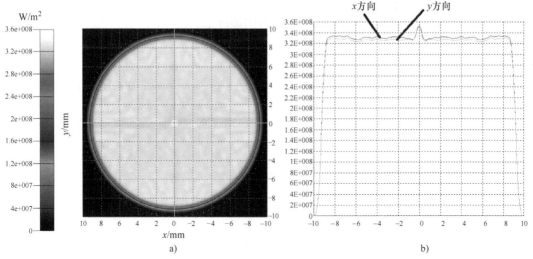

图 7-10　太阳电池表面的辐照度分布和轮廓

a）辐照度分布　b）辐照度轮廓

7.2　用于太阳能集光的菲涅耳透镜设计中的其他问题

　　前面的菲涅耳透镜是针对单波长设计的，然而太阳的光谱范围是非常宽的，不同波长的光经过菲涅耳透镜后在电池上的位置会有所偏差，波长短的光会更靠近电池的中心，如图 7-11 所示。所以实际的太阳光经过这种在针对单波长设计的菲涅耳透镜入射到太阳电池表面，电池表面辐照度均匀度必然会降低。为了解决这个问题，可以采取两步优化设计法。首先将这个用单波长光源设计的菲涅耳

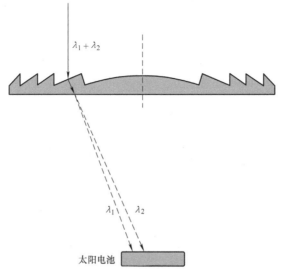

图 7-11　不同波长的光经过菲涅耳透镜后在电池上的位置偏差

透镜作为初始结构，再使用反馈优化或者全局优化的方法来进一步优化菲涅耳透镜，这样就可以进一步改善太阳电池表面辐照度均匀度。

参 考 文 献

[1] 马宏财，金光，钟兴，等. 基于蒙特卡罗法的太阳能聚光接收器布局及形状优化设计 [J]. 光学学报，2013，33（3）：0308001.

[2] 汪韬，李辉，李宝霞，等. 用于光伏系统新型菲涅耳线聚焦聚光透镜设计 [J]. 光子学报，2002，31（2）：196 – 199.

[3] 万运佳，刘杰，林浩博，等. 一般 LED 光源均匀配光的自由曲面菲涅耳透镜 [J]. 激光与光电子学进展，2016，53（6）：062201.

第8章　基于反射式的太阳能集光系统的设计

太阳光的光谱范围非常宽，使用折射式菲涅耳透镜进行聚光时，针对某个波长设计的聚光透镜，使用实际太阳光时会有一些偏差，而使用反射式系统，就不存在这样的问题。

8.1　复合抛物面反射器优化设计方法

复合抛物面反射器可以用作太阳聚光镜，如图 8-1 所示，反射器接收光线的最大接收角为 $2\theta_m$，当入射光线的角度小于这个最大接收角时，反射器上的光线都可以从反射器的下端口出射；当入射光线的角度大于这个最大接收角时，光线将无法到达反射器的下端口，如图 8-2 所示。

设计复合抛物面反射器，需要知道一些重要参数的计算，反射器中有几个重要的参数如图 8-3 所示，最大接收角为 $2\theta_m$，入射端口的半径为 d，出射端口的半径为 d'，反光杯的长度为 L。反光杯的焦距可以计算为

$$f = d'(1 + \sin\theta_m) \qquad (8-1)$$

从图 8-3 中可以看出，反射器的长度可以表示为

$$L = (d + d')\cot\theta_m \qquad (8-2)$$

反射器的最大集光率为

$$\frac{d}{d'} = \frac{1}{\sin\theta_m} \qquad (8-3)$$

对于一个旋转对称的反射器如图 8-4 所示，距出射端面的距离为 z 处的截面半径为 r，其中 $r = \sqrt{x^2 + y^2}$。反射器的反射面为抛物面，满足式 (8-4)。可以看出当知道了出射端口的

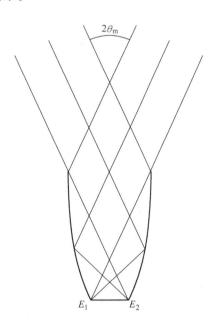

图 8-1　复合抛物面示意图

口径 d'、光线最大接收角 θ_m，给定任意一个距离 z，即可算出对应于这一高度的截面半径 r，这样可以计算出反射器上的任意一点的坐标。

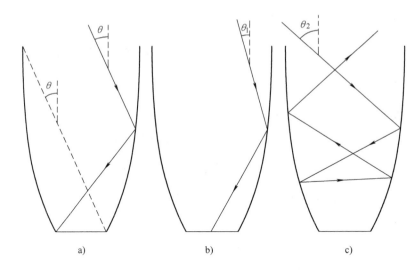

图 8-2 以不同角度入射的光线在反光杯中的传播

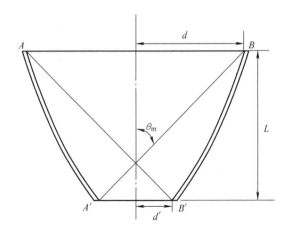

图 8-3 反射器中的几个重要参数

$$(r\cos\theta_m + z\sin\theta_m)2 + 2d'(1+\sin\theta_m)2r - 2d'\cos\theta_m(2+\sin\theta_m)2z$$
$$- d'^2(1+\sin\theta_m)(3+\sin\theta_m) = 0 \tag{8-4}$$

这里设计了一个抛物面反射器如图 8-5 所示，出射端口的半口径为 20mm，反光杯的长度为 80mm，在初始端口平面处的辐照度分布如图 8-6 所示。从图8-6可以看出太阳光能基本上都集中在反射器的焦点，如果将太阳电池置于反射器的出射端面可以很好地收集太阳能，但是电池的表面无法获得均匀的辐照度分布。

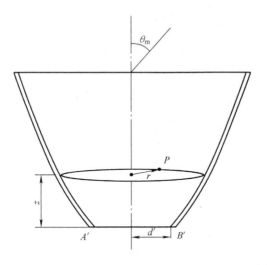

图 8-4　抛物面反射器的反射面

图 8-5　抛物面反射器的三维模型进光线分布

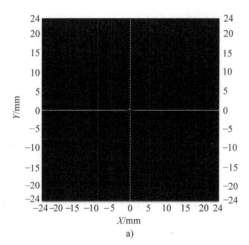

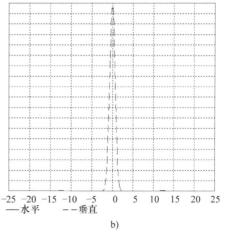

a)   b)
——水平   - -垂直

图 8-6   出射端面的辐照度分布

8.2   实现辐照度均匀分布的双反射太阳能集光系统设计

使用单个抛物面反射器可以有效地会聚太阳光在太阳电池表面，然而无法使太阳光在电池表面产生均匀的辐照度分布。双反射太阳集光系统可以有效解决这一问题。双反射太阳集光系统是一个旋转对称的结构，因此可以只设计一个二维面形轮廓，然后通过旋转对称来形成最后的实体模型。双反射太阳集光系统的光路图的二维视图如图 8-7 所示，太阳光经过 P 面和 M 面两次反射后，入射到了太阳电池的表面。为了控制入射到太阳电池表面的辐照度分布比较均匀，设计思路如下：首先将入射到反射面 P 的太阳光按等能量进行划分，太阳光是均匀的，故将入射光束的截面按等面积划分为 N 个区域。通过截面等分点的光线入射到反射面 P 上，反射面 P 也对应分为 N 个区域，每个区域将一部分光会聚到太阳电池上的某个特定的采样点。在太阳电池上选 N 个采样点，这 N 个采样点对应着 N 个采样半径，这些采样半径刚好把太阳电池的表面分成了等面积的同心圆环。当 N 取得数量足够大时，太阳光照射在太阳电池表面的光分布就越均匀。

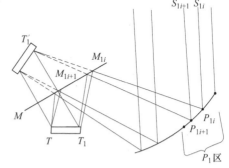

图 8-7   双反射太阳集光系统光路示意图

先计算 P 面上的第 1 个区域，这里称为 P_1 区，P_1 区的光经过 M 面反射后直接到达了电池的 T_1 点，因为 M 面是一个平面反射面，所以为了计算简便，可以等效为 P_1 区的光直接入射到了 T_1 点的镜像点的位置 T_1'。先要计算出太阳电池表面上各采样点的镜像点，假设太阳电池上的某个采样点 T_q 的位置为（x_q，

y_q），反射面 M 的方程（二维情况为一直线）为

$$y = mx + b \qquad (8\text{-}5)$$

该反射面的位置是初始时候确定的，故 m、b 都是确定的。T_q 的位置为 (x_q, y_q) 也是确定的，这样可以求其关于平面反射面的镜像位置 $T'_q(x'_q, y'_q)$，T_q 和 T'_q 是镜像对称的，故满足

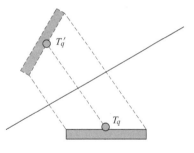

图 8-8 太阳电池上的采样点的镜像位置

$$\frac{y'_q - y_q}{x'_q - x_q} \cdot m = -1 \qquad m \neq 0 \qquad (8\text{-}6)$$

此外

$$\frac{y'_q + y_q}{2} = m\left(\frac{x'_q + x_q}{2}\right) + b \qquad (8\text{-}7)$$

联立式（8-6）和式（8-7）可以计算出 T'_q 的横纵坐标为

$$x'_q = \frac{(1 - m^2)x_q + 2my_q - 2bm}{(1 + m^2)} \qquad (8\text{-}8)$$

$$y'_q = \frac{(m^2 - 1)y_q + 2mx_q + 2b}{(1 + m^2)} \qquad (8\text{-}9)$$

根据式（8-8）和式（8-9）可以求得所有的镜像点。

接下来求 P 面上第一区域内（P_1 区）上各点的坐标，P_1 区上各采样点选取的是将光束进行等能量分割的那些点，所有采样点的横坐标都是已经确定的，接下来就是讨论求解各采样点的纵坐标。假设 P_1 区上的 P_{1i} 点已知，构建 $P_{1i}(x_{1i}, y_{1i})$ 和其相邻采样点 $P_{1i+1}(x_{1i+1}, y_{1i+1})$ 之间的迭代关系可以求得 P_{1i+1}，有了这种迭代关系就可以从起始点依次迭代计算求出该区域内所有点的坐标。接下来就讨论如何构建 $P_{1i}(x_{1i}, y_{1i})$ 和 $P_{1i+1}(x_{1i+1}, y_{1i+1})$ 之间的迭代关系。

如图 8-9 所示，入射到 P 面上的 P_1 区内的光线经过两次反射后入射到了太阳电池上的采样点 T_1 处。采样光线 $S_{1i}P_{1i}$ 入射到 P_1 区上的 P_{1i} 点，该入射光线可

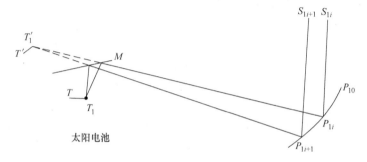

图 8-9 P_1 区内光线传播示意图

以用一单位矢量表示如下：

$$I_{1i} = [\, 0, -j \,] \tag{8-10}$$

经过 P_{1i} 点反射光线的矢量为

$$\mathbf{Out}_{1i} = [\, (x_1' - x_{1i})\boldsymbol{i}, (y_1' - y_{1i})\boldsymbol{j} \,] \tag{8-11}$$

对矢量进行归一化有

$$O_{1i} = \left[\, \frac{(x_1' - x_{1i})\boldsymbol{i}}{\sqrt{(x_1' - x_{1i})^2 + (y_1' - y_{1i})^2}}, \frac{(y_1' - y_{1i})}{\sqrt{(x_1' - x_{1i})^2 + (y_1' - y_{1i})^2}}\boldsymbol{j} \,\right] \tag{8-12}$$

根据反射定律的矢量形式有

$$\mathbf{Out} - \mathbf{In} = [\, 2 - 2(\mathbf{Out} \cdot \mathbf{In}) \,]^{1/2} N \tag{8-13}$$

可以求得过 P_{1i} 点的法向矢量

$$N = \left[\, \frac{\dfrac{(x_1' - x_{1i})\boldsymbol{i}}{\sqrt{(x_1' - x_{1i})^2 + (y_1' - y_{1i})^2}}}{\sqrt{2 + \dfrac{(y_1' - y_{1i})}{\sqrt{(x_1' - x_{1i})^2 + (y_1' - y_{1i})^2}}}}, \frac{\left(\dfrac{(y_1' - y_{1i})}{\sqrt{(x_1' - x_{1i})^2 + (y_1' - y_{1i})^2}} - 1\right)}{\sqrt{2 + \dfrac{(y_1' - y_{1i})}{\sqrt{(x_1' - x_{1i})^2 + (y_1' - y_{1i})^2}}}}\boldsymbol{j} \,\right]$$

$$\tag{8-14}$$

根据法向矢量可以求得过 P_{1i} 点的切线斜率为

$$k_{1i} = -\frac{(x_1' - x_{1i})}{(y_1' - y_{1i}) - \sqrt{(x_1' - x_{1i})^2 + (y_1' - y_{1i})^2}} \tag{8-15}$$

过 P_{1i} 点的切线与相邻的光线的交点为 P_{1i+1}，这样过 P_{1i} 点的切线斜率又可以表示为

$$k_{1i} = \frac{y_{1i+1} - y_{1i}}{x_{1i+1} - x_{1i}} \tag{8-16}$$

式中，(x_{1i+1}, y_{1i+1}) 为 P_{1i+1} 点的坐标，其中 x_{1i+1} 为已知的，因此需要求 P_{1i+1} 点的纵坐标。联立式（8-15）和式（8-16）即可求得 y_{1i+1} 如下：

$$y_{1i+1} = -\frac{(x_1' - x_{1i})}{(y_1' - y_{1i}) - \sqrt{(x_1' - x_{1i})^2 + (y_1' - y_{1i})^2}}(x_{1i+1} - x_{1i}) + y_{1i} \tag{8-17}$$

可以看出 P_{1i+1} 点的纵坐标与以下几个量有关系：①太阳电池上采样点 T_1 的镜像点 (x_1', y_1')；②P_{1i} 的坐标点 $(x_{1i}, y_{1i},)$；③P_{1i+1} 点的横坐标。其中 T_1 点的镜像点 (x_1', y_1') 及 P_{1i+1} 点的横坐标都是选取半径分割点，都是确定的，所以一旦 P_{1i} 的纵坐标 y_{1i} 确定以后，P_{1i+1} 点的纵坐标就可以计算出来，这样就找到了相邻两个采样点之间的迭代关系了。由于初始点 P_0 的坐标是确定的，故利用这种迭代关系可以求得该区域内所有点的纵坐标。重复上面的过程可以计算反射面 P 区内任意一个区域 P_i 上的所有采样点。使用这种方法设计了一个双反射太阳集光系统，设计结果的二维轮廓图及光线分布如图 8-10 所示。使用双反射系

统，太阳光在电池表面产生了均匀的辐照度分布如图 8-11 所示。

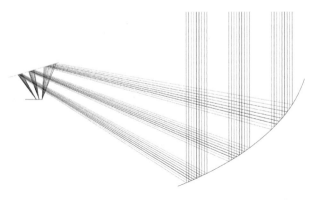

图 8-10　双反射光学系统的二维轮廓图及光线分布

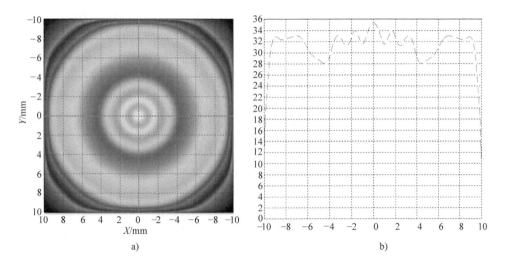

a)　　　　　　　　　　　　　　　　b)

图 8-11　太阳电池上的辐照度分布

参 考 文 献

［1］荆雷，王尧，赵会富，等 . 实现均匀照度光伏聚光镜设计［J］. 光学学报，2014，34
　　（2）：72 – 77.

［2］Roland Winston，Juan C. Minano，Pablo Benitez. Nonimaging Optics［M］. New York：Aca-
　　demic Press，2005

［3］Chaves J. Introduction to Nonimaging Optics［M］. 2nd ed. Boca Raton：CRC Press，2015.

第9章 激光扩束系统的光学设计

激光扩束系统经常被应用在各种各样的激光装置中，使用激光扩束系统主要有以下几个目的：①当激光器直接输出的激光能量较高时，直接使用这样的激光容易对光学器件或其他的材料造成损伤，通过扩束可以降低能量密度，满足使用条件；②扩束的另一个目的是可以减小激光光束的发散角；③通过扩束可以增加激光束照射在物质表面的面积。根据不同的使用要求，可以采用多棱镜系统扩束或透镜扩束。

9.1 棱镜扩束系统的光学设计

棱镜扩束系统经常和光栅组合在一起，可以实现激光器的窄线宽输出，如图9-1所示。该装置是利用利特罗（Littrow）腔对准分子激光线宽进行压窄，四块棱镜组合在一起形成了一个扩束系统进行扩束。关于准分子激光压缩线宽的原理见参考文献［1］，这里主要是讨论多棱镜扩束系统的设计方法。

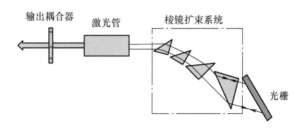

图9-1 用于准分子激光线宽压窄的原理图

9.1.1 影响单棱镜扩束的因素

首先来分析光束经过单个棱镜之后的扩束率如图9-2所示，设入射光束宽为 d，出射光束宽为 D，光束在棱镜中宽为 L，光束入射在棱镜第一个面的入射角和折射角分别为 θ_1 和 θ_2，在棱镜第二面的入射角和折射角分别为 θ_3 和 θ_4，棱镜顶角为 α，折射率为 n，根据图9-2中的几何关系可知

$$d/\cos\theta_1 = L/\cos\theta_2 \tag{9-1}$$

$$D/\cos\theta_4 = L/\cos\theta_3 \tag{9-2}$$

由式（9-1）和式（9-2）可推出棱镜的扩束率 M 的公式为

$$M = \frac{D}{d} = \frac{\cos\theta_2 \cos\theta_4}{\cos\theta_1 \cos\theta_3} \tag{9-3}$$

从式（9-3）可以看出扩束率与四个角度 θ_1、θ_2、θ_3、θ_4 有关系，这四个角度相互都有一定的关联，这样可以将扩束率只表示成关于入射角 θ_1 的函数。此外，棱镜顶角 α 对扩束率的影响也需要进行讨论。分析扩束率随入射角与顶角之间的变化关系是设计棱镜扩束系统的基础。接下来就讨论入射角 θ_1 与棱镜顶角 α 对扩束率的影响。

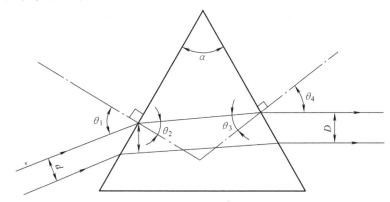

图 9-2 光束经过单棱镜后扩束率计算示意图

1. 入射角 θ_1 对扩束率 M 的影响

根据折射定律有

$$\sin\theta_1 = n\sin\theta_2 , \sin\theta_4 = n\sin\theta_3 \tag{9-4}$$

由图 9-2 几何关系可知

$$\theta_2 - \theta_3 = \alpha \tag{9-5}$$

联立式（9-3）、式（9-4）、式（9-5），经推导可得

$$M = f(\theta_1) = \frac{\cos\left[\arcsin(\sin\theta_1/n)\right] \cos\left(\arcsin\left\{n\sin\left[\alpha - \arcsin(\sin\theta_1/n)\right]\right\}\right)}{\cos\theta_1 \cos(\alpha - \arcsin(\sin\theta_1/n))}$$

$$\tag{9-6}$$

从式（9-6）可以看出，扩束率 M 与入射角 θ_1、棱镜顶角 α 及棱镜材料的折射率 n 有关系。为了讨论入射角 θ_1 对扩束率的影响，先将棱镜顶角 α 设为固定值，取顶角 $\alpha = \pi/4$，棱镜材料为 BK7，折射率 $n = 1.5168$，计算扩束率 M 随入射角（单位：rad）变化的关系曲线如图 9-3 所示。

2. 棱镜顶角 α 对扩束率 M 的影响

为讨论棱镜顶角 α 对扩束率 M 的影响，设定入射角 $\theta_1 = 67°$，棱镜材料取 BK7，折射率 $n = 1.5168$，下面给出 $\alpha = \pi/6$、$\pi/4$、$\pi/3$ 时，扩束率 M 随入射角 θ_1 变化关系，如图 9-4 所示。

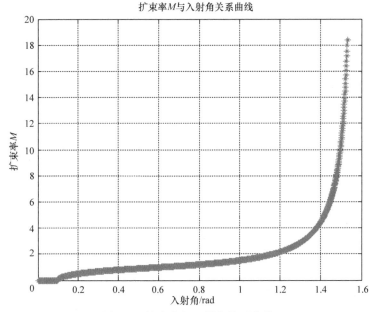

图 9-3 扩束率与入射角关系曲线

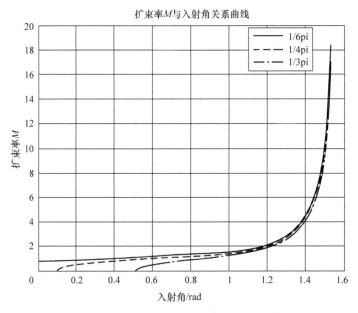

图 9-4 不同棱镜顶角，扩束率与入射角关系曲线

分析图 9-3、图 9-4 可知，棱镜顶角 α 对扩束率 M 的影响不大，尤其是在入射角 $\theta_1 \geqslant 68°$ 以后，棱镜顶角 α 对扩束率 M 的影响几乎可以忽略。从图 9-3 可以

看出，当 $\theta_1 \geqslant 68°$（或 $\theta_1 \geqslant 1.2\mathrm{rad}$）时，扩束率随入射角的变化非常快。

9.1.2　多棱镜扩束系统中相邻棱镜的位置关系确定

根据图 9-3 和式（9-6）可以看出合理控制入射角就可以控制单个棱镜扩束率。采用 N 个棱镜构成的系统进行扩束，当总扩束倍数 M 确定后，各棱镜扩束倍数相等时系统透射率最大（见参考文献 [2]），此时单棱镜的扩束倍数为

$$M_i = M^{\frac{1}{N}}$$

因此设计多棱镜扩束系统最优的方案是控制每个棱镜的扩束率相等，即入射到每个棱镜的光线的入射角相同。为了实现入射到每个棱镜的扩束率相等，控制棱镜之间的相对位置是关键。如图 9-5 所示，光线的入射角为 B_1，棱镜顶角为 α，光线经过棱镜之后出射光线相对于入射光线的偏转角为 δ，偏转角 δ 根据图 9-5 中的光路很容易计算出来，计算过程如下：

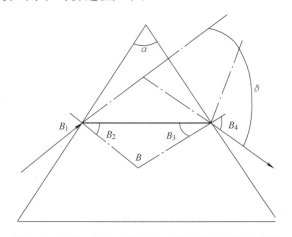

图 9-5　入射光线经过单棱镜后的偏转角计算示意图

$$n_1 \sin B_1 = n_2 \sin B_2 \tag{9-7}$$

$$n_2 \sin B_3 = n_1 \sin B_4 \tag{9-8}$$

$$\alpha = B_2 + B_3 \tag{9-9}$$

$$\delta = (B_1 - B_2) + (B_4 - B_3) \tag{9-10}$$

式中，n_1、n_2 为空气和棱镜的折射率，这样可以计算得到出射光线相对于入射光线的偏转角 δ 为

$$\delta = \arcsin\left\{ \frac{n_2 \sin\left[\alpha - \arcsin\left(\frac{n_1 \sin B_1}{n_2} \right) \right]}{n_1} \right\} \tag{9-11}$$

如图 9-6 所示，为了保持相同的扩束率，从第一个棱镜出射的光线进入第二

个棱镜时必须保持相同的入射角 B_1。从图9-6可知,第二个棱镜的入射光线相对于第一个棱镜入射光线偏转了 δ,为了使第二个棱镜的入射角也为 B_1,第二个棱镜相对于第一个棱镜也应该转动 δ。这样扩束系统中所有棱镜的相对位置都可以确定下来,相邻两个棱镜之间的位置保持 δ 的转角即可。

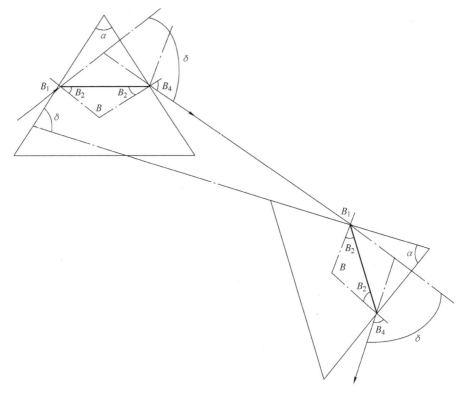

图9-6   棱镜相对位置之间的关系图

9.1.3   棱镜扩束系统设计案例

设计一个棱镜扩束系统,棱镜扩束系统由4个棱镜组成,实现16倍扩束,每个棱镜的扩束率为2倍,每个棱镜的顶角为45°。根据式(9-6)可以计算,光束在每个棱镜上的入射角 $B_1 = 66.86°$。根据式(9-11)可得出射光线相对入射光线的偏转角 $\delta = 33.3°$。为使每个棱镜的扩束率都为2倍,则相邻两个棱镜相对偏转角 $\delta = 33.3°$。图9-7为设计完成之后的四棱镜扩束系统,口径为 2mm × 2mm 入射光束经过这个扩束系统后输出激光光束为 2mm × 32mm,扩束前后的激光光斑轮廓如图9-8所示。可以看出,光束经过棱镜扩束系统在一个方向上扩束了16倍,在另一个方向上光束宽度不变,这说明棱镜扩束系统可以实现单向扩束。

图9-7 四棱镜扩束系统

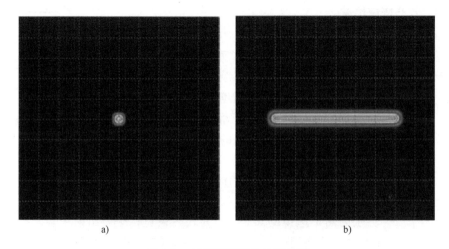

a)   b)

图9-8 棱镜扩束前后的光斑图

a）扩束前 b）扩束后

9.2 透镜扩束系统的光学设计

透镜扩束系统也是一种常用的激光扩束系统，常用的透镜扩束系统按其结构可分为折射式和反射式，如图9-9所示。

透镜扩束系统不管是折射式还是反射式，本质上就是一个倒望远镜系统，前后两个透镜有一个公共的焦点，其中图9-9a、c 中的公共焦点为实焦点，而图9-9b、d中的公共焦点为虚焦点。使用球透镜可以实现在两个方向上的扩束，而柱透镜只能实现一个方向上的扩束。

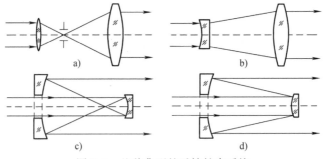

图 9-9　几种典型的透镜扩束系统

9.2.1　折射式扩束系统设计案例

1. 双凸透镜扩束

采用双凸透镜设计一个如图9-10所示的扩束系统，第一个透镜的后焦点与第二个透镜的前焦点重合。入射的平行光束经过第一个透镜时会聚在第一个透镜的后焦点上，经过第二个透镜后又变成了平行光束。很容易计算出输出光束与输入光束的扩束率为

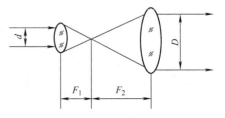

图 9-10　双凸透镜扩束系统

$$M = \frac{D}{d} = \frac{F_2}{F_1} \tag{9-12}$$

式中，F_1、F_2 分别为两个透镜的焦距；d 为入射束宽；D 为出射束宽。根据式 (9-12) 可以看出，只要合理选取两个不同焦距的透镜，就可以实现各种扩束率。

图 9-11 使用了双凸透镜实现了 2 倍扩束，透镜 1 的焦距 $F_1 = 49.75\text{mm}$，透镜 2 的焦距 $F_2 = 99.5\text{mm}$，扩束前后的光斑如图 9-12 所示。

图 9-11　双凸透镜实现光束的 2 倍扩束

2. 一凹一凸透镜扩束

使用双凸透镜进行扩束，入射光束首先会聚在第一个透镜的焦点上，如果入射光束能量很大，在这个焦点上的能量密度会很高，有时候会造成一些危害，因此这种情况共用的焦点为虚焦点更加合适，一凹一凸透镜构成的扩束系统的公共

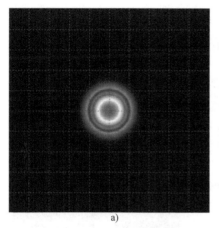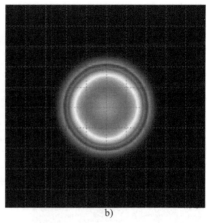

图 9-12　扩束前后的光斑图

a）扩束前　b）扩束后

焦点是一个虚焦点。一凹一凸透镜构成的扩
束系统如图 9-13 所示，与双凸透镜扩束原理
类似，第一个透镜的前焦点与第二个透镜的
前焦点重合作为一个共用的焦点。平行光束
入射凹透镜后变得发散，发散光束的虚焦点
位于共用焦点上，因此发散光束经过第二个
凸透镜后变得平行，透镜的扩束率的计算仍
可用式（9-12）。

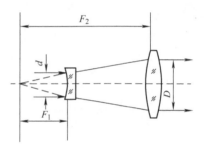

图 9-13　一凹一凸透镜构成
的扩束系统

　　图 9-14 为设计的一个凹透镜和一个凸透
镜组成的扩束系统，凹透镜为平凹透镜，其
焦距为 -10mm；凸透镜为平凸透镜，其焦距为 20mm。图 9-14a 和 b 分别为扩束
系统的三维和二维视图。

　　使用图 9-14 中的扩束系统进行扩束，扩束前后的光斑分布如图 9-15 所示。

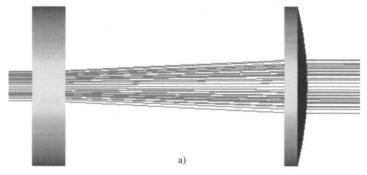

a）

图 9-14　一凹一凸透镜构成的扩束系统的光路图

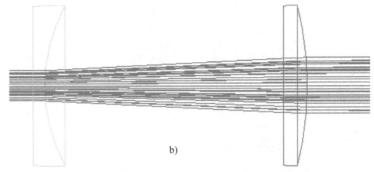

b)

图 9-14   一凹一凸透镜构成的扩束系统的光路图（续）

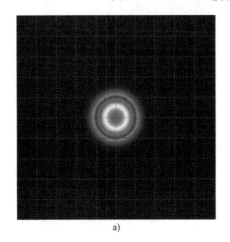

a)

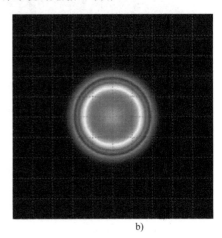

b)

图 9-15   一凹一凸透镜扩束系统扩束前后光斑图

a）扩束前   b）扩束后

9.2.2   反射式扩束系统设计案例

图 9-16 为由两个凹面反射镜构成的扩束系统，两个反射镜的焦点重合在一起。第一个凹面反射镜中心开孔用于入射光束通过，开孔的孔径与入射光束口径相同，入射光束经过第一个反射镜的通孔以后入射到第二个反射镜的反射面（凹面），经过第二个反射镜反射后会聚于焦点处，然后入射到第一个反射镜的反射面（凹面）反射后光束平行出射，两个反射镜的焦点位置是重合的，该系统的扩束率也可由式（9-12）来计算。在这个设计中使用的参数如下：第一个反射镜的凹面半径为 20mm，第二个反射镜的凹面半径为 10mm，第一个平面反射中心开有半径为 3mm 的圆孔。图 9-17 为该系统扩束前后的光斑图，可以看出经过该系统扩束以后光斑直径扩大 2 倍，但是光斑中心区域是空心的，这是由于采用了反射式结构，第二个反射镜的遮拦导致了输出光在中心区域的空心。

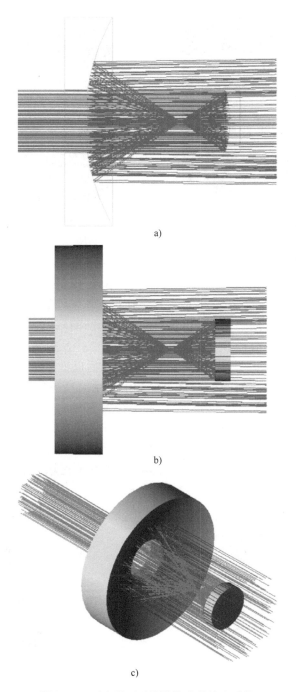

a)

b)

c)

图 9-16　两个凹面反射镜构成的扩束系统
a）二维模型　b）、c）在不同视图下的三维模型

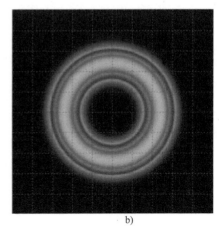

图 9-17 扩束前后的光斑图

a) 扩束前 b) 扩束后

图 9-18 也是采用两个反射镜构成了扩束系统进行扩束，但这两个反射镜中的第一个是凹面反射镜，第二个是凸面反射镜，第一个反射镜上中心区域开有通孔，入射光束首先照到第二个反射镜的反射面（凸面），经该面反射后光束变得发散，发散光束再入射到第一个反射镜，因为第二个反射镜的虚焦点与第一个反射镜的焦点重合，因此光束在第一个反射镜反射后以平行光出射。该系统的扩束率也可由式（9-12）来计算。在这个设计中使用的参数如下：第一个反射镜的凹面半径为 20mm，第二个反射镜的凸面半径为 10mm，第一个平面反射中心开有半径为 3mm 的圆孔。图 9-19 为该系统扩束前后的光斑图，可以看出经过该系统扩束以后光斑直径扩大 2 倍，但是光斑中心区域是空心的，这是由于采用了反射式结构，第二个反射镜的遮拦导致了输出光在中心区域的空心。

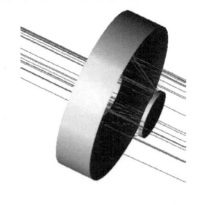

a) b)

图 9-18 一个凹面反射镜和一个凸面反射镜构成的扩束系统

a) 二维模型 b) 三维模型

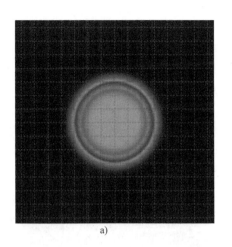 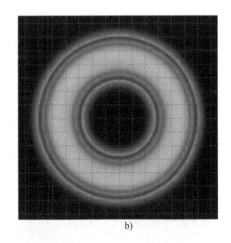

图 9-19　扩束前后的光斑图

a）扩束前　b）扩束后

图 9-20　柱透镜扩束系统光路图

9.2.3 柱透镜扩束设计案例

柱透镜可以实现一维的扩束，柱透镜的扩束原理与球透镜的扩束原理是一样的，使用两个柱透镜，第一个柱透镜的后焦点与第二个柱透镜的前焦点重合，如果第二个透镜的焦距是第一个透镜焦距的 2 倍，即可以实现 2 倍扩束。图 9-20 为一个柱透镜扩束系统，该系统第一个透镜的焦距为 100mm，第二个透镜的焦距为 200mm，扩束前后的光斑如图 9-21 所示，可以看出柱透镜扩束系统实现了在 Y 轴方向扩束，在 X 轴方向光斑尺寸并未发生任何变化。

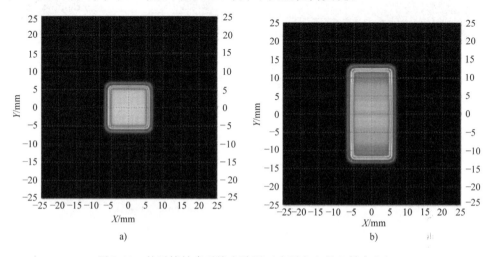

a)   b)

图 9-21 柱透镜扩束系统光路图（水平方向是 X 轴方向）

参 考 文 献

［1］张海波. 准分子激光线宽压窄技术研究 ［D］. 上海：中国科学院上海光学精密机械研究所，2012.

［2］J. R. M. Barr, Achromatic prism beam expanders ［J］. Opt. Commun. ，1984，51：41 – 46.

［3］李晓彤，岑兆丰. 几何光学・像差・光学设计 ［M］.2 版. 杭州：浙江大学出版社，2007.

第 10 章　自由曲面激光光束整形系统设计

　　激光光束一般为高斯光束，其发光强度呈高斯分布，中心发光强度极强，四周发光强度相对较弱，能量分布很不均匀，这一特性使得激光并不能直接应用。特别是在激光加工、激光焊接等技术领域，激光光束能量非均匀分布将直接导致材料局部温度过高而破坏材料特性。图 10-1 为采用普通激光光束和均匀激光光束分别对材料表面进行处理的效果对比图，由图可知，采用均匀激光光束处理过的表面更为平滑。图 10-2 为利用普通激光光束和均匀激光光束分别进行激光焊接作业的效果对比，由图可知，采用普通激光光束进行焊接，焊缝较为粗糙。综上所述，激光光束能量呈高斯分布的特性极大地限制了其应用，因此需要将激光光束整形为能量均匀分布的光束来消除因能量不均匀可能产生的不良影响，从而扩展激光在更多领域中的应用。

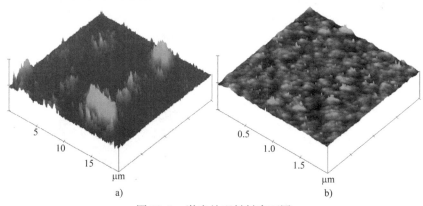

图 10-1　激光处理材料表面图

a）普通激光光束处理的结果　b）均匀激光光束处理的结果

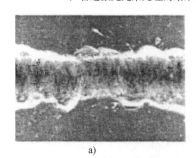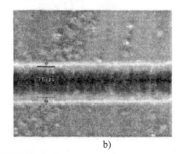

图 10-2　激光焊接效果对比

a）普通激光光束焊接效果　b）均匀激光光束焊接效果

目前，典型的激光光束整形方法有衍射光学元件、非球面透镜组、双折射透镜组、微透镜阵列、液晶空间光调制器以及自由曲面光学系统等。其中自由曲面光学系统具有设计自由度高、光学系统结构简洁、可同时控制波前和有效实现辐照度均匀等诸多优点。随着光学加工技术的提升，自由曲面加工成本也在逐渐下降，因此该方法在激光整形方面将有着广泛的应用前景。本章将介绍用于激光光束整形的自由曲面光学系统设计。设计的整形系统结构紧凑，成本较低，系统可用于显示器面板退火加工。

10.1 用于准直激光光束整形的自由曲面透镜设计

激光光束整形系统如图 10-3 所示，系统包括了激光光源、整形透镜和目标平面三个部分，根据输出光束的孔径形状不同，设计的自由曲面透镜的孔径类型也不同。针对圆形孔径的光束设计圆形孔径的自由曲面透镜，而矩形孔径的光束则采取矩形孔径的自由曲面透镜进行整形。其中圆形孔径透镜呈旋转对称结构，而矩形孔径透镜呈 1/4 对称结构，根据这些特点可以简化设计过程。

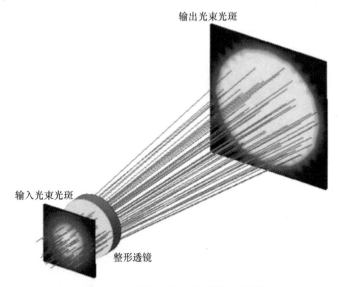

输出光束光斑

输入光束光斑

整形透镜

图 10-3　激光光束整形系统示意图

10.1.1 旋转对称自由曲面整形透镜设计

1. 旋转对称自由曲面整形透镜设计基本原理

设计自由曲面整形透镜的基本思想就是将激光光束按等能量分割成 N 个子光束，将目标面面积等分为 N 份，控制每个子光束入射到对应的目标区域，这

样就可以在目标面上产生均匀的
激光辐照度分布，如图 10-4 所
示。由于设计的透镜为旋转对称
的自由曲面透镜，所以只需要针
对其截面轮廓进行设计就可以。
然后将这一轮廓作为一条母线进
行旋转就可以得到最后的透镜
了。整形透镜使用了单个自由曲
面，前表面为平面，后表面为自
由曲面。

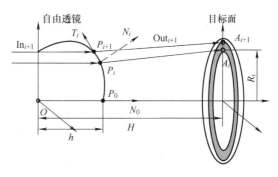

图 10-4   旋转对称自由曲面整形透镜设计原理图

2. 自由曲面整形透镜设计过程

实现圆对称辐照度均匀分布的自由曲面整形透镜设计主要分为两步：第一
步，将激光光束按等能量分为 N 个子光束，同时将目标面划分为 N 个等面积的
同心圆环，由边缘光线理论，建立光源与目标面之间的能量映射关系；第二步，
由斯涅尔定律，计算自由曲面整形透镜的面形数据以及法向矢量，构建自由曲面
整形透镜。

（1）将光束和目标面分别按等能量
和等面积进行划分

首先，对激光器出射的激光光束进
行等能量分割，本节讨论的是光束呈旋
转对称的情况，因此对光束能量的划分
只需要讨论光束一个截面轮廓如图 10-5
所示。该图表示了光束的一半口径，光
束的全口径范围是 $-x_n \sim x_n$。

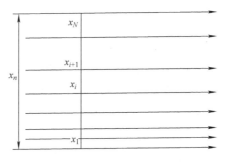

图 10-5   激光光束等能量划分示意图

光束的发光强度分布为高斯分布，
故截面上的发光强度分布为

$$I(x) = I_0 \exp\left(\frac{-2x^2}{\omega_0^2} \right) \tag{10-1}$$

式中，ω_0 为激光束的束腰宽度。

入射光束的总能量为

$$\Phi = \int_{-x_n}^{x_n} I(x)\,\mathrm{d}x \tag{10-2}$$

将入射到 X 轴正方向上的光线按等能量划分为 N 份，则入射光束在 X 轴方
向上每份能量为

$$\varPhi_i = \int_{x_i}^{x_{i+1}} I(x)\,\mathrm{d}x = \frac{\varPhi}{N} \tag{10-3}$$

根据式（10-3）可以得到将激光光束等能量分割时的分割点 x_i，可以将过分割点上的每条光线作为采样光线在计算自由曲面透镜轮廓时使用。

接下来将对目标面进行按等面积划分，目标面为一个圆形平面，目标面的半径为 R，将目标面划分为 N 个等面积同心圆环，如图 10-6 所示，设每个圆环的半径为 r_i（$i = 1$，2，$\cdots$，N），每个圆环的面积为 S_0，可得

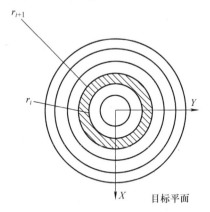

$$S_0 = \pi r_{i+1}^2 - \pi r_i^2 = \frac{\pi R^2}{N}(i = 1,2,\cdots,N+1) \tag{10-4}$$

每个圆环的半径为

$$r_i = R\sqrt{\frac{i}{N}} \tag{10-5}$$

图 10-6　将目标面按等面积划分示意图

这样，目标面已被等面积划分为 N 个圆环单元。

（2）计算透镜轮廓上相邻两个点之间的迭代关系

如图 10-7 所示，透镜的第一面（下表面）为平面，第二面（上表面）为自由曲面，所以设计是针对上表面进行的。实现圆对称光斑辐照度均匀，只需确保子光束的边缘光线能够投射到对应的面积单元的边缘位置，也就是说在光束截面上，通过 M_iM_{i+1} 区域的光束，经自由曲面透镜折射后，投射到了 Q_iQ_{i+1} 区域，如图 10-7 所示。这样就建立了光束和目标面的能量映射关系。计

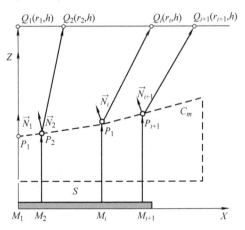

图 10-7　计算自由曲面轮廓的原理示意图

算透镜上表面轮廓时，首先要确立透镜上表面中心点的位置 P_1，要控制入射光线 M_1P_1 经过 P_1 点后出射到 Q_1 点，这样可以确定入射光线矢量 $\boldsymbol{M_1P_1}$ 和出射光线矢量 $\boldsymbol{P_1Q_1}$。利用折射定律矢量形式［式（10-6）］可以确定过 P_1 点的法向矢量 $\boldsymbol{N_1}$。

$$[1 + n^2 - 2n(\mathbf{Out} \cdot \mathbf{In})]^{1/2} \cdot \mathbf{N} = \mathbf{Out} - n\mathbf{In} \tag{10-6}$$

式中，**In** 和 **Out** 分别为入射光线和出射光线的单位方向矢量；N 为光线入射到自由曲面上某点 P 的单位法向矢量；n 为自由曲面透镜材料的折射率。在获得了过 P_1 点的法向矢量 N_1 后，进一步可以获得过 P_1 点的切线。计算过 P_1 点切线与第二条采样光线的交点为 P_2 点，第二条光线经过 P_2 点入射到 Q_2，这样可以确定第二条入射光线矢量 $M_2 P_2$ 和出射光线矢量 $P_2 Q_2$，这样可以确定过 P_2 点的法向矢量 N_2，计算过 P_2 点切线与第三条采样光线的交点为 P_3 点。按照这种迭代方法可以计算自由曲面母线上的所有采样点，确立自由曲面透镜的母线，旋转对称获得自由曲面透镜。

3. 设计实例

根据上面介绍的算法，针对圆形孔径光束设计了一个自由曲面整形透镜，具体的设计参数如下：束腰为 10mm，透镜折射率为 1.495，透镜中心厚度为 10mm，透镜到目标面的距离为 100mm，目标面半径为 20mm。根据这些参数计算得到的自由曲面透镜母线和实体模型如图 10-8 所示。

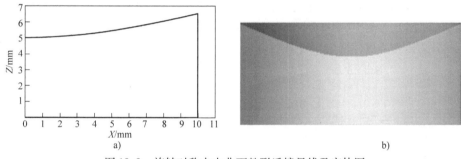

图 10-8　旋转对称自由曲面整形透镜母线及实体图
a）自由曲面透镜的母线　b）自由曲面透镜的实体模型

图 10-9 为激光光束整形前后的辐照度分布。其中图 10-9a 为激光器直接输出光束的辐照度分布，图 10-9b 为激光光束经过自由曲面透镜整形后的辐照度分布，通过计算可知激光光束经整形后在目标面有效区域内的辐照度均匀度可达 90%。

10.1.2　非旋转对称自由曲面整形透镜设计

1. 非旋转对称自由曲面整形透镜设计基本原理

除了圆形孔径的光束，矩形孔径的光束也是一种比较普遍的光束。矩形孔径的光束作为一种非旋转对称的光束，只能采用非旋转对称的自由曲面透镜进行整形。针对非旋转对称光束，同样采用单片自由曲面整形透镜，其前表面为平面，后表面为自由曲面。如图 10-10a 所示，入射光束为一个矩形孔径的准直光束，光束入射到透镜的平面上经过自由曲面透镜折射后，在目标面上产生一个辐照度均匀分布的矩形光斑，自由曲面透镜的孔径也是一个矩形。矩形光束整形的原理为：将输入光束的截面按等能量划分为 $N \times M$ 个网格，目标面按等面积划分为

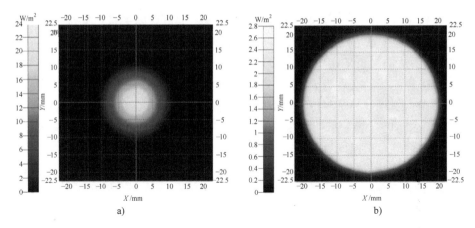

图 10-9 目标面辐照度分布

a）整形前光束辐照度分布 b）整形后光束辐照度分布

$N \times M$ 个网格，控制输入光束每个网格的能量经过自由曲面后，入射到目标面上对应的网格，如图 10-10b 所示。这样目标面上每个网格的能量相同，每个网格的面积又相等，目标面辐照度就可以变得均匀。

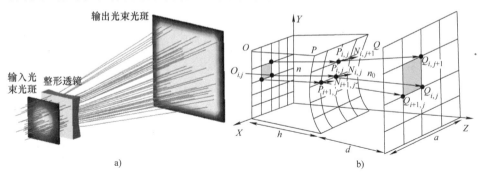

图 10-10 准直激光光束整形系统示意图

2. 非旋转对称自由曲面整形透镜设计过程

按上述整形原理，设计用于矩形光束整形的自由曲面透镜算法主要分为三步：第一步，对激光光束按等能量进行网格划分，同时对目标面按等面积进行网格划分。第二步，根据边缘光线理论，建立光源与目标面之间的能量映射关系；构建自由曲面相邻两个采样点之间的迭代关系，计算自由曲面上的采样点。第三步，建立自由曲面透镜模型，进行光线追迹，验证设计结果。

（1）将光束和目标面分别按等能量和等面积分割

首先，对入射光源进行等能量网格划分。采用的入射光源为矩形孔径准直激光光束，在光束的束腰截面上，将截面进行等能量划分，划分为 $N \times M$ 份，如图

10-11a 所示。

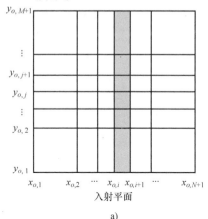 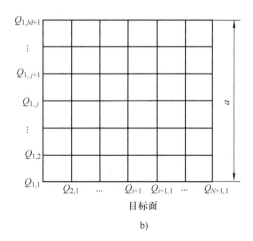

入射平面

a)

目标面

b)

图 10-11　将光束和目标面进行网格化

a) 光源入射截面能量网格划分示意图　b) 目标面网格划分示意图

入射激光束在 X、Y 两个方向上的发光强度均呈高斯分布，因此对激光光束总能量计算时可进行变量分离，则入射光束的总能量为

$$\Phi_t = \int_{x_{o,1}}^{x_{o,N+1}} I(x_o)\,\mathrm{d}x_o \int_{y_{o,1}}^{y_{o,M+1}} I(y_o)\,\mathrm{d}y_o \tag{10-7}$$

光束在 X 轴方向上的单位能量 $\Phi_o(x)$ 为

$$\Phi_o(x) = \int_{x_{o,i}}^{x_{o,i+1}} I(x_o)\,\mathrm{d}x_o \int_{y_{o,1}}^{y_{o,M+1}} I(y_o)\,\mathrm{d}y_o = \frac{\Phi_t}{N} \tag{10-8}$$

联立式（10-7）、式（10-8），可得到光源所有能量网格格点横坐标 $x_{o,i}$（$i=1,2,\cdots,N+1$），同理，利用式（10-7）、式（10-9）可以求得所有网格格点纵坐标 $y_{o,j}$（$j=1,2,\cdots,M+1$）。

$$\Phi_o(y) = \int_{x_{o,1}}^{x_{o,N+1}} I(x_o)\,\mathrm{d}x_o \int_{y_{o,j}}^{y_{o,j+1}} I(y_o)\,\mathrm{d}y_o = \frac{\Phi_t}{M} \tag{10-9}$$

目标面 Q 为矩形平面，在 x 和 y 轴方向的边长分别为 a 和 b。将目标面按等面积划分，将其划分为 $N \times M$ 份，如图 10-11b 所示，很容易计算目标面上任意网格格点的坐标 $Q_{i,j}(x_i, y_j)$：

$$x_i = x_1 + \frac{a}{N}(i-1) \tag{10-10}$$

$$y_j = y_1 + \frac{b}{M}(j-1) \tag{10-11}$$

（2）构建自由曲面相邻采样点之间的迭代关系

透镜的前表面为平面，透镜的后表面为自由曲面，设计主要是针对自由曲面进行的。透镜前表面 O 和出射面 P 具有相同的网格，各网格点的横纵坐标相等，即 $x_{p,i} = x_{o,i}$，$y_{p,j} = y_{o,j}$（$i = 1$，2，$\cdots$，$N+1$；$j = 1$，2，$\cdots$，$M+1$）。因此要得到透镜自由曲面 P 的面形，只需求出自由曲面 P 各网格点的 Z 轴坐标即可。

Z 轴坐标的求解方法如图 10-10b 所示。沿 Z 轴方向，光线 $O_{i,j}P_{i,j}$ 先从透镜前表面入射，经过透镜折射后，光线沿着 $P_{i,j}Q_{i,j}$ 方向出射。透镜折射率为 n，由折射定律矢量式（10-6），可求出光线 $O_{i,j}P_{i,j}$ 在 $P_{i,j}$ 点的法向量 $N_{i,j}$，这样可以得到过 $P_{i,j}$ 点的切平面。假设划分的网格数量足够多，那么可近似认为与光线 $O_{i,j}P_{i,j}$ 相邻光线 $O_{i+1,j}P_{i+1,j}$ 交于过 $P_{i,j}$ 点的切平面上，且交点为 $P_{i+1,j}$，则法向量 $N_{i,j}$ 与向量 $P_{i,j}P_{i+1,j}$ 垂直，由此就能很容易地找到交点 $P_{i+1,j}$ 和 $P_{i,j+1}$ 的 Z 轴坐标递推关系式：

$$z_{i+1,j} = -(x_{i+1,j} - x_{i,j})\frac{N_{x,i}}{N_{z,i}} + z_{i,j}(i = 1,2,\cdots,M;j = 1,2,\cdots,M) \quad (10\text{-}12)$$

$$z_{i,j+1} = -(y_{i,j+1} - y_{i,j})\frac{N_{y,j}}{N_{z,j}} + z_{i,j}(i = 1,2,\cdots,M;j = 1,2,\cdots,M) \quad (10\text{-}13)$$

给定透镜初始厚度 h，即 $z_{1,1}$，根据上述递推关系式即可得到自由曲面上所有采样点的坐标。

（3）设计实例

针对 10mm×10mm 的矩形孔径准直激光光束设计一个自由曲面整形透镜，具体的设计参数如下：透镜初始厚度 h 为 3mm，透镜折射率 n 为 1.4935，透镜距目标面距离 d 为 100mm，目标面边长 a 为 40mm，网格划分数为 100×100。基于这些参数，利用上面介绍的设计方法，设计的自由曲面透镜如图 10-12 所示。其中图 10-12a 为自由曲面的 1/4 部分，因为矩形孔径的自由曲面透镜为 1/4 对称结构，所以设计自由曲面的 1/4 部分，通过对称即可获得整个自由曲面。图 10-13a 和 b 分别为激光光束直接照射目标面的辐照度分布和经过自由曲面整形透镜后的辐照度分布。经过自由曲面透镜整形后，激光光束在目标面的辐照度均匀度为 90.5%。

10.2 用于发散激光光束整形的自由曲面透镜设计

在 10.1 节，设计自由曲面激光整形透镜，主要是针对激光光束准直入射的情况，然而从激光器输出的光束一般都会带有一定的发散角。如果针对准直光束设计的整形透镜对发散激光光束进行整形，会直接导致能量分布均匀度下降，光斑边缘锐度下降。10.2 节将介绍如何为发散光束设计自由曲面整形透镜。针对发散光束设计自由曲面透镜进行整形，可以采取两种优化设计方法：逆向反馈优化法和三维交互优化法。

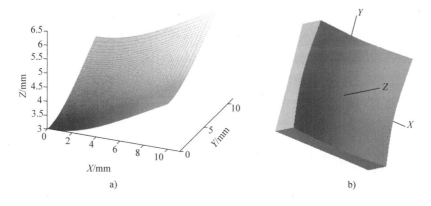

图 10-12　自由曲面及自由曲面透镜

a）自由曲面的 1/4 部分　b）自由曲面透镜的实体模型

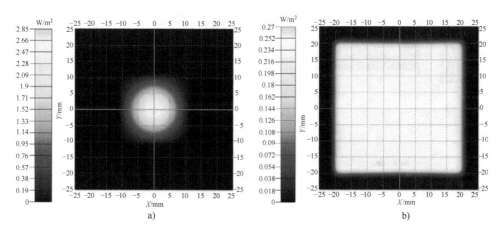

图 10-13　目标面辐照度分布

a）输入激光光束辐照度分布　b）准直激光光束经整形后辐照度分布

基于逆向反馈优化的发散激光光束整形

基于逆向反馈优化的方法针对发散激光光束设计自由曲面整形透镜，设计过程主要分为两步：①自由曲面整形透镜初始结构设计。设计初始自由曲面透镜结构，以准直激光光束为输入光束，设计的方法见 10.1.2 节。②基于透镜初始结构进行逆向反馈优化。进行逆向反馈优化时，使用发散光束代替准直光束，这样目标面上辐照度均匀度将会有所下降。通过逆向反馈优化法不断调整优化透镜结构，从而提高目标面辐照度均匀度。

1. 自由曲面整形透镜初始结构设计

采用 10.1.2 节设计方法，可设计自由曲面整形透镜初始结构如图 10-12 所示。当用发散激光光束（发散半角为 2.5°）代替准直光束，经过自由曲面初始透镜，目标面辐照度分布如图 10-14b 所示。而图 10-14a 为准直光束经过自由曲面初始透镜产生的辐照度分布。对比图 10-14a 和图10-14b，可以看出，使用准直光束设计出来的自由曲面整形透镜作为初始结构，直接应用于发散光束，目标面辐照度均匀度将会下降，光斑边缘加宽。为了提高目标面辐照度均匀度，需要对这个初始透镜结构做进一步优化，这里使用逆向反馈优化法进行优化。

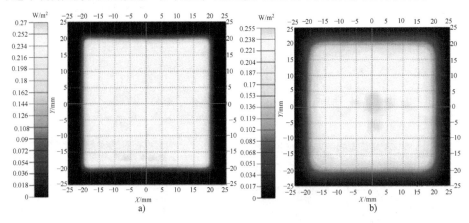

图 10-14 目标面辐照度分布

a）准直激光光束经初始自由曲面整形透镜后的辐照度分布

b）发散激光光束经初始自由曲面整形透镜后的辐照度分布

2. 基于初始透镜结构的逆向反馈优化

所谓的逆向反馈优化就是当目标面实际辐照度与预期辐照度存在差异时，通过调整光束网格的尺寸来使目标面的实际辐照度与预期辐照度不断接近。如图 10-15

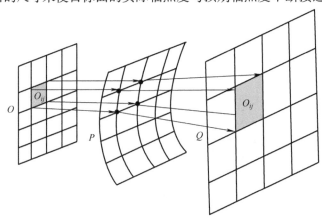

图 10-15 反馈优化示意图

所示，目标面上某个网格 Q_{ij} 内预期辐照度为 E，而实际辐照度为 E'，如果 $E' > E$，这时候可以调整光束截面上对应的网格尺寸，使入射光束的该网格尺寸变小，这样该网格内对应的能量减少，入射到对应目标面网格上的能量减小，目标面上的网格尺寸不变，所以目标面上该网格处对应的辐照度减小，更接近于预期辐照度值。这种根据目标面的实际辐照度值来调整光束的截面网格尺寸，目标面的网格尺寸不变，从而对自由曲面的面形作相应调整的方法称为逆向反馈优化法。这里主要是介绍逆向反馈优化法在设计自由曲面整形透镜中的应用。

首先，将准直激光光束设计的自由曲面透镜设为初始结构，通过逆向反馈优化法不断调整自由曲面透镜的结构。对于初始透镜，使用发散光束时，目标面上的辐照度均匀度会有一定下降。将发散光束应用到自由曲面透镜，进行光线追迹，目标面上初始的各网格辐照度为 $E_{i,j}(0)$，初始平均辐照度值为

$$\overline{E}(0) = \frac{\displaystyle\sum_{i=1}^{M}\sum_{j=1}^{N}E_{i,j}(0)}{M \times N} \tag{10-14}$$

各网格的辐照度值与平均辐照度值之间存在一定偏差。反馈优化的目标就是根据各网格的辐照度值与平均辐照度值之间的偏差，调整入射光束截面的网格划分，从而降低目标面上各网格辐照度值与平均值之间的偏差。具体实施过程如下：

令 $\eta = \dfrac{\overline{E}(0)}{E_{i,j}(0)}$ 为反馈系数，为降低目标面上网格 (i, j) 的辐照度值与平均值的偏移量，其辐照度值应调整为 $\eta E_{i,j}(0)$，输入截面处对应的网格能量则应变为原先的 η 倍。假设对应于光束截面该处的各网格初始面积为 $\Delta S_{i,j}(0)$，要使网格能得到上述变化，网格面积应变为 $\eta \Delta S_{i,j}(0)$。逆向反馈优化过程如图 10-16 所示。

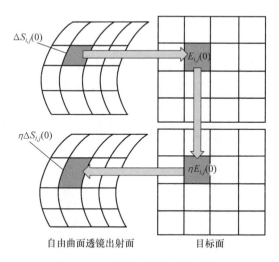

图 10-16　逆向反馈优化示意图

经以上反馈优化过程，输入光束横截面上将产生一个新的网格分布，根据新网格分布，可以重新构建输入输出光线之间的关系，根据 10.1.2 节中自由曲面透镜设计方法，可设计出新的自由曲面透镜。针对发散光束，使用这个新的自由曲面透镜整形，辐照度均匀度将得到一定程度的提高。进行一次优化，辐照度均匀度会有一定的提高，但提高的

幅度是有限的，需要重复上述过程，进行多次优化。

一般而言，反馈优化不能一次性完成，需要重复多次，则经过 k 次优化后的反馈系数为

$$\eta_k = \frac{\overline{E}(0)}{E_{i,j}(0)} \frac{\overline{E}(1)}{E_{i,j}(1)} \frac{\overline{E}(2)}{E_{i,j}(2)} \cdots \frac{\overline{E}(k)}{E_{i,j}(k)} \tag{10-15}$$

反馈优化每进行一次，输入光束横截面上网格分布将会更新一次，自由曲面都会更新一次，经过多次优化后得到最优自由曲面整形透镜[36]。发散光束经该透镜整形后，辐照度值变化为 $\eta_k E_{i,j}(0)$。经过 k 次逆向反馈优化后，目标面辐照度值已变为 $E_{i,j}(k)$，辐照度平均值为 $\overline{E}(k)$，此时，若均匀度已满足设计要求，则停止优化。

3. 设计实例

针对孔径为 10mm × 10mm（束腰位置）、发散半角为 2.5° 的发散激光光束设计自由曲面整形透镜。首先，使用 10.1.2 节中设计出来的自由曲面透镜作为初始结构（见图 10-12），发散光束经过初始自由曲面透镜后的辐照度分布如图 10-17a 所示，其辐照度均匀度为 82.7%。应用逆向反馈优化法，进行了 3 次反馈优化，图 10-17b、c、d 分别为经过 1 次、2 次、3 次逆向反馈后所得的自由曲面透镜对发散光束整形后在目标面的辐照度分布。

经过第 1 次逆向反馈后，在目标面设定区域内辐照度均匀度为 89.0%；经过第 2 次、3 次逆向反馈后，在目标面设定区域内辐照度均匀度达到了 89.7% 和 90.4%。经过反馈优化后的自由曲面透镜，使发散光束在目标面设定区域内辐照度均匀度有了显著提升，然而目标面上的光斑分布区域在不断向外扩展，超出了

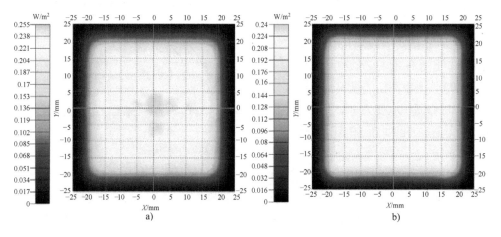

图 10-17　目标面辐照度分布

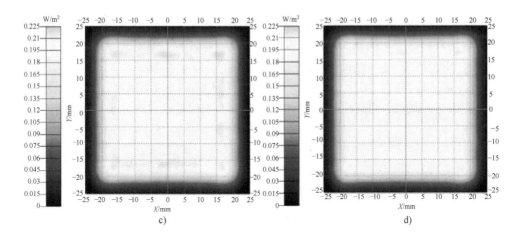

图 10-17　目标面辐照度分布（续）

目标面上的设定区域。光斑边缘会随着反馈不断向外扩展，原因是逆向反馈优化是以能量网格调节为基础的，反馈开始前，目标面边缘能量比中间能量少（见图 10-17a）。为使中间能量对边缘做补偿，逆向反馈使中间网格尺寸减小，边缘网格尺寸增大，由此导致边缘光斑随反馈优化的进行而不断扩展，在激光整形应用中，当辐射照度符合设计要求时，即可停止进一步优化。

10.3　用于同时控制波前与辐照度均匀度的双自由曲面透镜

在激光整形应用中，除了要求控制输出光束在指定的目标面上有均匀的辐照度分布，还要控制输出激光的波前。比如在激光加工中整形后的输出激光光束有均匀的辐照度且为平面波（输出为准直光束），这样光束有很大的焦深范围，利于加工。因为要同时控制辐照度均匀度和波前，所以要使用两个自由曲面来实现，这里将设计一个单透镜，透镜的前后表面均为自由曲面。

10.3.1　旋转对称的双自由曲面透镜设计

旋转对称双自由曲面透镜主要用于对旋转对称激光光束控制辐照度和波前，由于透镜的面形呈旋转对称，因此在设计透镜时只需考虑透镜母线设计即可，之后可通过旋转成型获得整个整形透镜。这里采取分步设计的方法，先设计第一个自由曲面，然后设计第二个自由曲面。第一个曲面的设计原理如图 10-18 所示，先确定透镜前后两个表面的中心点 $P_0(0, z_{p0})$、$Q_0(0, z_{m0})$，过 Q_0 点作一个平行于目标面的虚拟面 M，将虚拟面分成 N 个等面积的圆环，将光束截面按等能量分

成了 N 个子光束，关于 M 面和光束的分割参照本章 10.1.1 节。控制每一个子光束入射到对应的面积元上，这样就保证了每个面积元上的辐照度是均匀的。使用这种方法对目标面上的辐照度均匀度有一定的偏差，产生偏差的原因可以参考图 10-19，子光束最后入射在目标面上的 $T_k T_{k+1}$，而计算辐照度时是按 M 面上 $M_k M_{k+1}$ 区域计算的，实际上 $T_k T_{k+1}$ 和 $M_k M_{k+1}$ 区域之间的面积是有一定偏差的。想要克服这一缺点，可以采取同步计算两个曲面来代替这里的分步计算两个曲面的方法。

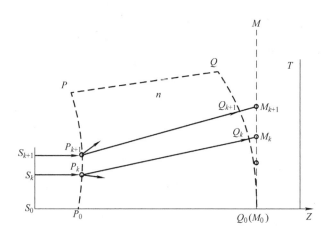

图 10-18　透镜前表面的设计原理图

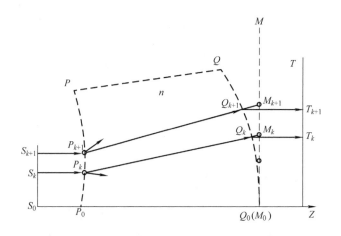

图 10-19　分析目标面上辐照度均匀度偏差的示意图

　　将光束截面按等能量划分，M 面按等面积划分之后，这样入射光束截面上采样点和 M 面上采样点的坐标都可以确定，即 $S_k(x_{sk},0)$ 和 $M_k(x_{mk},z_{mk})$，如图 10-18 所示。假设知道了 P 面上任意一点坐标 $P_k(x_{pk},z_{pk})$，这样可以计算入射

光线和出射光线矢量

$$\mathbf{In}_k = \mathbf{S}_k \mathbf{P}_k \ \mathbf{In}_k = \mathbf{S}_k \mathbf{P}_k = \left[(x_{pk} - x_{sk})\boldsymbol{i}, (z_{pk} - 0)\boldsymbol{k} \right] \qquad (10\text{-}16)$$

$$\mathbf{Out}_k = \mathbf{P}_k \mathbf{M}_k = \left[(x_{mk} - x_{pk})\boldsymbol{i}, (z_{mk} - z_{pk})\boldsymbol{k} \right] \qquad (10\text{-}17)$$

根据折射定律的矢量形式［式（10-6）］可以求得过 P_k 点的法向矢量 $\mathbf{N}_k$，采样点的数量选得比较多时，可以近似认为过 P_k 点的切线与其相邻的采样光线交于 P_{k+1} 点，其中 P_{k+1} 点的 x 轴方向坐标是已知的，只需要求其 z 轴方向的坐标，过 P_k 点的法向矢量 $\mathbf{N}_k$ 与矢量 $\boldsymbol{P}_k \boldsymbol{P}_{k+1}$ 垂直，所以满足

$$\mathbf{N}_k \cdot \boldsymbol{P}_k \boldsymbol{P}_{k+1} = 0 \qquad (10\text{-}18)$$

这样可以求得 P_{k+1} ，重复上述过程就可以从 P_k 点来求得 P_{k+1} 点。在初始条件中已经知道了 $P_0(0, z_{p0})$，利用上面介绍的迭代过程就可以求得透镜前表面上的任意一点。

接下来求透镜的后表面的母线，如图 10-20 所示。假设知道了曲面 Q 上的任意点 Q_k 来求 Q_{k+1} 点。入射光束为准直光束，其对应的波前为平面波前，要求经过自由曲面透镜出射的光束也为准直光束，即出射波前也为平面波前，第二个曲面被用来控制波前，因此所有的光线要满足等光程的条件：

$$\left[S_k P_k \right] + n\left[P_k Q_k \right] + \left[Q_k T_k \right] = \left[S_{k+1} P_{k+1} \right] + n\left[P_{k+1} Q_{k+1} \right] + \left[Q_{k+1} T_{k+1} \right]$$

$$(10\text{-}19)$$

式中，［　］表示任意两点间的几何路程。当采样点的数量足够多时，同样可近似认为 Q_{k+1} 点位于过 Q_k 点的切线上，必然有过 Q_k 点法向矢量 $\boldsymbol{N}_k'$ 与矢量 $\boldsymbol{Q}_k' \boldsymbol{Q}_{k+1}$ 垂直，故满足

$$\boldsymbol{N}_k' \cdot \boldsymbol{Q}_k \boldsymbol{Q}_{k+1} = 0 \qquad (10\text{-}20)$$

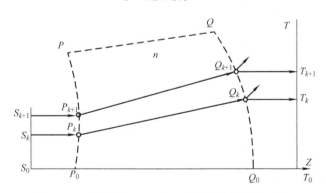

图 10-20　分析目标面上辐照度均匀度偏差的示意图

联立式（10-19）和式（10-20）可以计算出 Q_{k+1} 点，通过上述过程透镜后表面上相邻两个采样点之间的迭代关系被建立起来了，即知道了 Q_k 点，就可以求得 Q_{k+1} 点。初始条件中已经设定了 Q_0 点的坐标，因此可以求得透镜后表面的母线上的任意一点。

10.3.2 旋转对称的双自由曲面透镜设计案例

以一圆形准直光束为例设计一个旋转对称的双自由曲面透镜用于同时控制波前和辐照度均匀度，光束口径为 10mm，透镜折射率为 1.495，透镜中心厚度为 10mm，透镜到目标面的距离为 50mm，目标面半径为 10mm。利用上面介绍的计算过程，计算获得了透镜前、后表面对应的母线如图 10-21a 所示，将母线旋转 360°，可以得到透镜实体模型如图 10-21b 所示。对透镜进行光线追迹以后的光路仿真图如图10-22a所示，出射光束在目标面上的辐照度变得非常均匀，在目标面有效区域内的辐照度均匀度达到了 90% 左右，出射光束的发散角半角小于 1.5，如图 10-22b 所示，可见出射光束的准直性非常好，波前基本上保持了平面波前。

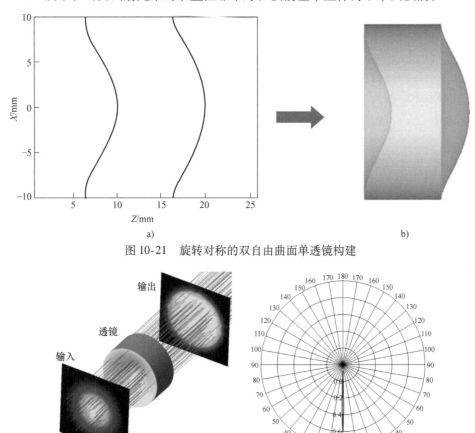

图 10-21　旋转对称的双自由曲面单透镜构建

图 10-22　追迹仿真结果

a）仿真光路效果　b）出射光束配光曲线

注：图中数据的单位为度（°）。

参 考 文 献

［1］彭亚蒙，苏宙平．用于发散激光光束整形的自由曲面透镜设计［J］．光学学报，2016，5：0522003 - 1.

［2］彭亚蒙．自由曲面光学系统在激光光束整形中的应用［D］．无锡：江南大学，2017.

［3］林勇，胡家升．激光光束的整形技术［J］．激光杂志，2008，29（6）：1 - 4.

［4］高瑀含．高斯光束整形技术研究［D］．长春：长春理工大学，2012

［5］Dickey F M，Shagam R N. Laser beam shaping techniques ［C］. Proc. of SPIE 2000，4065：338 - 348.

［6］Dickey F M，Shealy D L. Laser Beam Shaping Ⅱ ［C］. Proc. of SPIE，2002，4443（4）：751 - 760.

［7］Dickey，F. M. ，& Shealy，D. L. Laser beam shaping Ⅳ ［C］. Proc. of SPIE，2004，5175（4），751 - 760.

［8］林勇．用于激光光束整形的衍射光学元件设计［D］．大连：大连理工大学，2009.

［9］庞辉．用于激光束整形的衍射光学元件的设计［D］．杭州：浙江师范大学，2011.

［10］史光远．基于非球面柱透镜的高斯光束整形［D］．天津：天津理工大学，2014.

［11］陈宽．基于微透镜阵列的激光光束整形技术研究［D］．南京：南京理工大学，2015.

［12］陈怀新，隋展，陈祯培，等．采用液晶空间光调制器进行激光光束的空间整形［J］．光学学报，2001，21（9）：1107 - 1111.

［13］Smilie P J，Suleski T J. Variable - diameter refractive beam shaping with freeform optical surfaces ［J］. Optics Letters，2011，36（21）：4170 - 4172.

［14］Wu R，Liu P，Zhang Y，et al. A mathematical model of the single freeform surface design for collimated beam shaping ［J］. Optics Express，2013，21（18）：20974 - 20989.

［15］胡玥．半导体激光引信光束准直整形技术研究［D］．长春：长春理工大学，2012.

［16］F. M. Dickey，S. C. Holswade. Laser Beam Shaping：Theory and Techniques ［M］. New York：Marcel Dekker，Inc. ，2000.

［17］吴仍茂．自由曲面照明设计方法的研究［D］．杭州：浙江大学，2013.

［18］王恺．大功率 LED 封装与应用的自由曲面光学研究［D］．武汉：华中科技大学，2011.

［19］冉景．基于逆向反馈优化方法的 LED 自由曲面透镜设计与研究［D］．武汉：华中科技大学，2011.

第 11 章　基于微透镜阵列的激光光束整形

上一章介绍了使用自由曲面透镜对激光光束进行整形，除了自由曲面，使用微透镜阵列对激光光束进行整形也是一种非常有效的方法。微透镜阵列是由一系列子透镜组合而成，微透镜阵列经常被应用于投影显示的照明系统中实现均匀照明的效果。

11.1　基于微透镜阵列的激光光束整形原理

使用微透镜阵列实现对激光光束整形的原理如图 11-1 所示，光路中使用一对相同的微透镜阵列 LA_1 和 LA_2，当激光束入射到第一组微透镜阵列时，第一组微透镜阵列将激光束分割为 n 个子光束，每个子光束经过 LA_1 中的子透镜会聚到 LA_2 中对应的子透镜。每个子光束经过 LA_2 中的子透镜和积分透镜 L 照明了目标面上的 MN 区域。因为每个子光束都能照明目标面上的 MN 区域，所以该区域内能量分布是 n 个子光束在该区域内叠加的结果。由于每个子光束都是原光束上的一小部分，故发光强度分布均匀性要远远好于原入射光束的发光强度分布均匀性。每个子光束的发光强度微小不均匀，经过在目标面上相互叠加会变得更均匀。

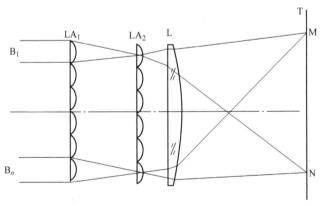

图 11-1　微透镜阵列用于激光光束整形原理

11.2　基于微透镜阵列的旋转对称激光光束整形光学系统设计

微透镜阵列中的每个子透镜如图 11-2 所示，透镜为一个平凸透镜，凸面为

一个球面，球面半径为 1.5mm，透镜为矩形孔径，透镜的口径为 1.6mm ×
1.6mm，中心厚度为 1mm，将这些子透镜排列成一个 11 × 11 微透镜阵列如图
11-3所示。

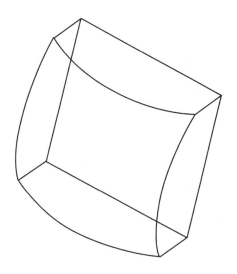

图 11-2　微透镜阵列中的单个子透镜

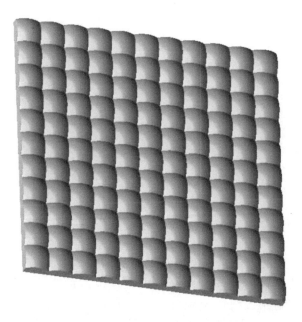

图 11-3　11 × 11 微透镜阵列

　　使用上面的微透镜阵列，针对旋转对称的激光光束，设计了一个整形系统如图 11-4 所示，图 11-4a 和 b 分别为二维和三维视图。两个微透镜阵列之间的距离为 3.5mm，第二个微透镜阵列的后面为一个平凸球面透镜，这个平凸球面透镜作为一个积分透镜使用。该透镜的球面半径为 25mm，中心厚度为 3mm，目标面置于积分透镜的焦平面上。激光光束为一旋转对称的激光光束，光束的口径为 10mm，在光束截面上的辐照度呈高斯分布，如图 11-5a 所示。当激光光束经过整形系统后在目标面上产生了均匀的辐照度分布，如图 11-5b 所示，这表明了微透镜阵列具有非常好的整形效果。

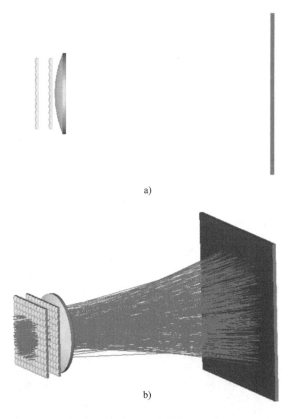

a)

b)

图 11-4　基于微透镜阵列的旋转激光光束整形系统设计

　　第二组微透镜阵列的位置对整形的效果有很大的影响，图 11-5b 中的结果是将第二组微透镜阵列置于距第一组微透镜后面 3.5mm 处产生的，整形效果非常不错。将第二组微透镜阵列置于距第一组微透镜后面 2.5mm 处和 4mm 处，这两种情况下激光光束整形后的效果如图 11-6a 和 b 所示。其中图 11-6a 为第二组阵列距离第一组阵列为 2.5mm，图 11-6b 为第二组阵列距离

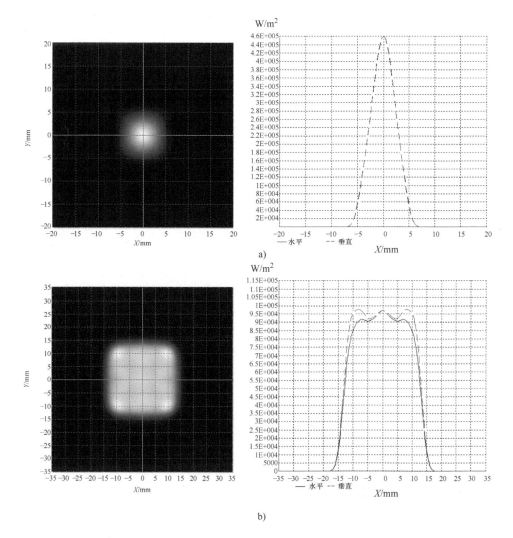

图 11-5　整形前后的激光光束辐照度分布
a）整形前　b）整形后

第一组阵列为 4mm。将这两个整形效果与图 11-5b 中的结果相比，整形效果比较差。从这个对比可以看出第二组阵列的位置对于整形结果有很大的敏感性，位置的前后变化对目标面上的辐照度的均匀度有很大的影响，需要通过反复的调试以寻找最佳的位置。

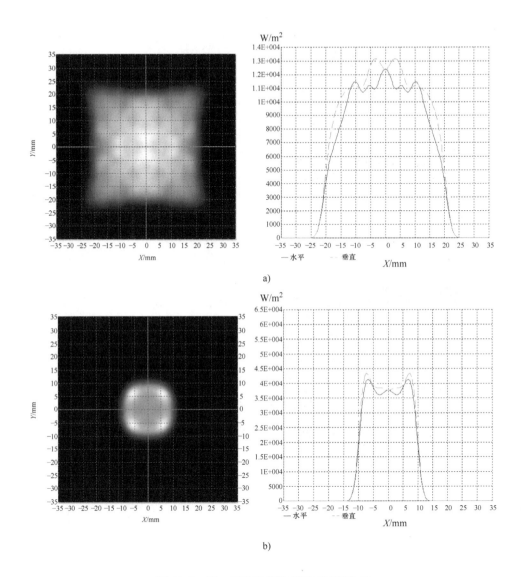

图 11-6 第二组微透镜阵列置于不同位置
a）距第一组阵列 2.5mm　b）距第一组阵列 4mm

11.3　基于微透镜阵列的非旋转对称激光光束整形光学系统设计

一些激光器输出的光束并非旋转对称的，如准分子激光器光斑往往呈类似矩形形状如图 11-7a 所示，而半导体激光器输出的光斑呈类似椭圆形状如图 11-7b 所示。

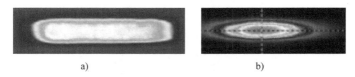

a)　　　　　　　　　　　　b)

图 11-7　准分子激光器输出光斑与半导体激光器输出光斑

a）准分子激光器输出光斑　b）半导体激光器输出光斑

针对这种类型的激光光束进行整形往往需要在两个方向分别进行，这时候需要的微透镜阵列就是柱透镜阵列。与球透镜阵列相比，柱透镜阵列可以实现单向整形，只对 X 轴方向或 Y 轴方向一个方向进行整形。图 11-8 为一个柱透镜阵列，该阵列是由一系列的微小的柱透镜沿 Y 轴方向排列而成。

11.3.1　基于柱透镜阵列的一维光束整形

根据柱透镜阵列的特点，设计一个整形光束系统可以实现在一个方向上的整形，设计思路与本章

图 11-8　柱透镜阵列示意图

11.2 节中整形系统设计方法一样，使用一对柱透镜阵列与一个积分透镜，积分透镜为一个平凸柱面透镜，柱面的半径为 100mm。

本设计中使用的激光光束为矩形光束，光束口径为 5mm×15mm。光束截面上的辐照度分布呈高斯分布如图 11-10a 所示。设计的一维整形系统如图 11-9 所示。柱透镜阵列是沿着 Y 轴方向排列的，所以整形是对 Y 轴方向进行的。整形后的激光在目标面的辐照度分布如图 11-10b，可以看出在 Y 轴方向辐照度变得非常均匀了，在 X 轴方向辐照度没有任何变化。

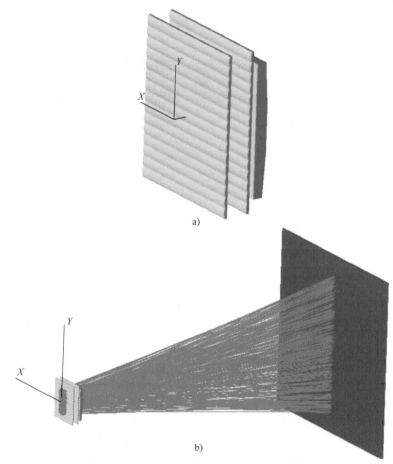

a)

b)

图 11-9 基于柱透镜阵列的一维整形系统设计

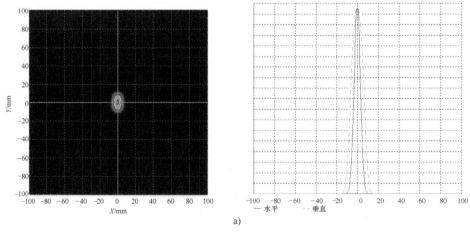

一 水平   一 垂直

a)

图 11-10 激光光束在经过一维整形系统前后的辐照度分布

a）经过一维整形系统前

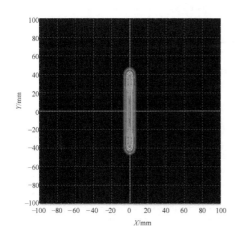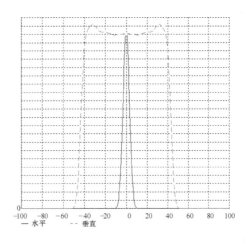

b)

图 11-10　激光光束在经过一维整形系统前后的辐照度分布（续）

b）经过一维整形系统后

11.3.2　基于柱透镜阵列的二维光束整形

针对口径为 $5\text{mm} \times 15\text{mm}$ 的光束，设计一个整形系统，整形后的光束在目标面上产生了均匀的方形光斑分布。系统的一个总体结构如图 11-11 所示。其中图

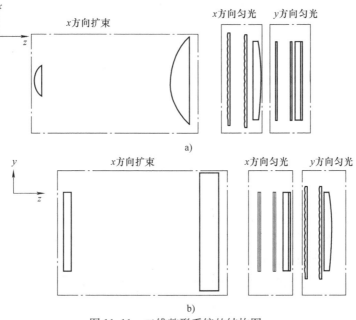

图 11-11　二维整形系统的结构图

a）$x - z$ 轴方向视图　b）$y - z$ 轴方向视图

11-11a为 $x-z$ 轴方向视图，图 11-11b 为 $y-z$ 轴方向视图。系统包含了 3 个单元，分别为 x 轴方向扩束单元、x 轴方向匀光单元及 y 轴方向匀光单元。由于 x 轴方向的光束宽度为 5mm，而 y 轴方向的光束宽度为 15mm，首先要使用一个扩束单元将 x 轴方向的光束扩为 15mm。扩束单元是进行单向扩束，因此使用的是一对柱透镜，扩束倍率为 3 倍。

经过扩束系统后的激光光束分别经过了 x 轴方向匀光单元及 y 轴方向匀光单元。每个匀光单元都是由 3 个元件构成，一对柱透镜阵列和一个积分透镜。x 轴方向匀光单元的柱透镜阵列中各子柱透镜是沿 x 轴方向排列的，积分透镜也是一个平凸透镜，而凸面在 x 轴方向有曲率。y 轴方向匀光单元的柱透镜阵列中各子柱透镜是沿 y 轴方向排列的，积分透镜也是一个平凸透镜，而凸面在 y 轴方向有曲率。图 11-12 为所设计的各单元的三维示意图。其中图 11-12a 为 x 轴方向扩束及匀光单元三维示意图，图 11-12b 为 y 轴方向匀光单元三维示意图。

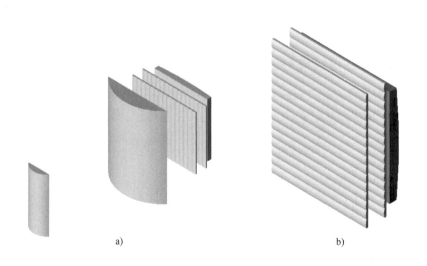

a) b)

图 11-12 各个单元的三维结构图

a）x 轴方向扩束及匀光单元　b）y 轴方向匀光单元

针对所设计的基于柱透镜阵列的光束整形系统进行光线追迹，光路图如图 11-13 所示，当口径为 5mm × 15mm 的高斯分布的激光光束通过该整形系统后在目标面上产生了均匀的辐照度分布如图 11-14 所示。对比整形前的光束辐照度（见图 11-10a），整形后的光束在目标面上产生了均匀的方形光斑。

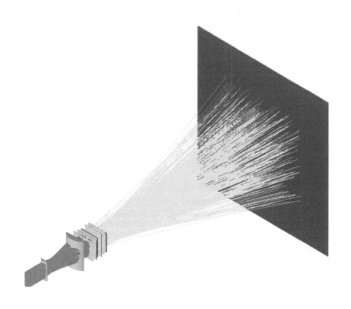

图 11-13　基于柱透镜阵列光束整形系统光路图

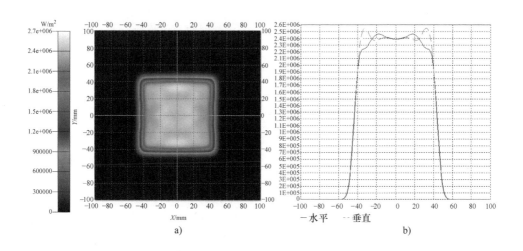

图 11-14　激光光束经过二维整形系统后的辐照度分布

参 考 文 献

[1] 贾文武，汪岳峰，黄峰，等．复眼透镜在激光二极管阵列光束整形中的应用 [J].中国激光，2011，38 (2)：48 – 52.

[2] 周淑文，林金波．复眼透镜照明系统的均匀性 [J].浙江大学学报 (工学版)，1986，5：135 – 141.

[3] 匡丽娟，翟金会，阮玉，等．复眼透镜阵列应用于均匀照明系统的特性研究 [J].光学与光电技术，2005，3 (6)：29 – 31.

[4] 尹广玥，游利兵，方晓东．用于平板显示 LTPS 制备的 ELA 光束整形系统 [J].激光技术，2016，40 (3)：383 – 387.

第12章 基于 FRED 非成像光学设计案例

FRED 是一套由美国 Photon Engineering 公司所开发出的光学工程仿真软件。作为光机一体化的开发平台，FRED 可以用在光学设计过程中的每一个环节，包括最初的概念验证，整合光学设计和机械设计，对虚拟原型进行全面分析，对模型参数进行快速公差分析和优化，以及将供应商的目录集成到软件中以供加工和系统调试。它的显示窗口为 3D 实体显示工作平台，具备快速的光线追迹功能，并且可以进行多线程运算及支持多节点分布式计算。

12.1 FRED 功能与应用领域介绍

1. 应用领域

FRED 运用的领域非常广泛，只要是几何光学可分析的系统皆可使用 FRED 来分析、模拟。常见的应用领域为照明系统、导光管、投影系统、激光、干涉、杂散光、鬼影分析、生物医学、其他光学系统原型的系统设计等，无论是简易或复杂的成像与非成像系统结构，FRED 都可以准确地建构及分析。

2. 功能特性

1）序列与非序列光线追迹；

2）全面透析光机系统设计；

3）照明与非成像光学系统设计；

4）杂散光与鬼像分析；

5）相干光束传播模拟；

6）成像系统设计和实际场景渲染；

7）自发热辐射分析；

8）公差分析与系统调试。

3. 主要功能

1）可进行 PSF、MTF、点列图、三阶像差、光程差、杂散光路径、重点采样、鬼像、PST 与关键被照面、衍射、冷反射、红外热成像分析。

2）真实三维模型渲染和实时显示窗口，可以直观快速地找到整机装配中不匹配等常见问题。

3）可分析光学系统的三阶像差、波像差、振幅、相位、能量等光信息。

4）具有快速的序列与非序列光线追迹能力，光线追迹的数量没有限制。

5）可支持 63 核 CPU 的多线程运算能力，并支持分布式计算。

6）拥有内置混合优化功能，可进行局部和伪全局优化，可内建或从 CAD 导入的 NURBS 表面进行优化，可大大减轻照明等领域的设计中繁重的工作量，支持多重结构的优化。

7）支持 VB 脚本编程，包含非常多的命令语言。可支持创建和修改几何模型、光源、镀膜、材料、散射模型以及进行光线追迹和计算分析，实现功能扩展。

8）14 + BSDF 散射模型，可用来仿真机械元件的表面散射，每个元件可赋予多个散射模型，所有的这些散射模型混合可形成成千上万的散射模型，支持散射数据的导入和拟合，并可模拟透镜表面粗糙度。

9）无级次限制的衍射光栅效率计算。

10）用数字化取样工具可提取散射、材料、模型、膜层、光谱的数据信息。

11）拥有多种体散射模型，并支持脚本自定义散射模型，支持荧光粉、光学元件内部缺陷的散射模型等。

12）具有高斯、黑体、采样三种光源光谱类型，支持 IES TM - 27 - 14 XML、TXT、DAT 光谱文件直接导入与光谱合并操作，可直接创建 CIEX、Y、Z，明视与暗视光谱。

13）使用高斯分解技术仿真相干及衍射光学系统，任何复杂的光场可以分解为高斯光束，这个方法允许我们可以处理相干光、偏振态，如高斯光源、相干性、光纤耦合分析，使光源更符合实际情况，并可以模拟部分相干光。

14）多软件接口，可导入其他光学软件（Zemax、CodeV、OSLO、ASAP）进行整个光机系统性能评价；可直接导入著名的薄膜设计软件 Essential Macleod、Optilayer 设计数据；与 FDTD Solutions 的矢量场数据交换，来处理宏光学系统和微结构光学系统。

15）可以导入 CAD 模型并修改其参数和光学性质，并且导入无破损。

16）COM 服务器/客户端支持与 Matlab、Excel、C + +、VB、C# 等程序相互调用。

17）使用 "Bird Simple Spectral Model"（Bird 简化光谱模型）模拟太阳光在不同位置、不同时间以及一系列环境因素如大气气溶胶厚度、大气可降水量、表面压强等对接受面辐照度影响。

18）支持实时的动态结果可视化。

19）分析面支持平面与三种非平面（球面、柱面、圆锥面）的数据分析。

12.2　基于 FRED 的单反相机的鬼像与杂散光分析

FRED 能够分析光机系统任意鬼像和散射路径的详细情况。只需要简单地设置光学和机械的物理属性（涂层、材料、散射模型等），设置一个合适的光源，并且让 FRED 记录下在光线追迹时系统所有光线的路径。当光线追迹完成时，可以对光线追迹的路径进行后期处理，来提取出与系统相关的路径。

12.2.1　导入光机系统模型

首先打开 Menu > File > Import > Import Optical，接受导入对话框中的默认设置，将"camera. zmx"设计文件导入到 FRED 中。导入之后，在 3D 视图中看到了透镜系统，如图 12-1 所示。该设计是一个简单的三片透镜，在第一个透镜前面有一个孔径光阑。

图 12-1　导入 zemax 文件后 3D 视图

12.2.2　杂散光计算与分析的主要过程

在开始任何光线追迹和分析之前，需要对系统的结构和各表面进行设置，来让它适合于一阶鬼像与杂散光计算。这里有需要在设计中处理的 8 项：

1）创建一个"FRED"孔径光阑；

2）指定能允许鬼像产生的表面涂层性质；

3）指定能允许鬼像产生的表面光线追迹控制属性；

4）光源位置规格的修改；

5）鬼像杂散光计算；

6）表面粗糙和表面涂黑散射处理；

7）PST 计算；

8）关键面与照明面。

1. 创建一个"FRED"孔径光阑

注意到导入透镜系统后，孔径光阑的表面是一个简单的 Air/Air 透射平面。可以将鼠标移动到某一面（节点位置）可以看到其表面的属性，如图 12-2 所示。

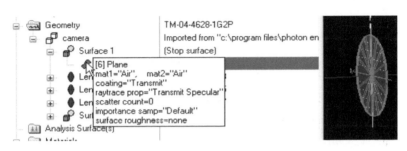

图 12-2　将鼠标移动到某一面（节点位置）可以看到其表面的属性

在 FRED 里，模型表面的物理属性决定着光传播的方向，因此需要将序列"光阑"表面转化为真正的"物理"光阑表面，以适用于 FRED。

首先打开 Surf 1 的对话框，点击 Aperture 标签。我们将使该平面表面转变为一个环面，且内部孔径等于当前圆盘外部孔径。这很容易实现，通过复制"Trimming Volume Outer Boundary"的现有值，并将该值粘贴到"Trimming Volume Inner Hole"。然后，增大外部边界的裁剪量（与透镜镜筒的机械尺寸一样大）。具体操作过程如图 12-3 所示。

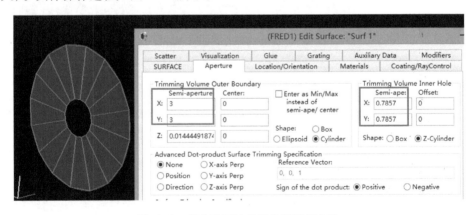

图 12-3　带有孔洞结构的光阑裁剪方法

有了一个环形表面，我们需要赋予一些光学属性。在表面对话框 Coating/RayControl 标签里，应用 Absorb 涂层和 Halt All 光线追迹控制完成对环形表面光学属性设置如图 12-4 所示。

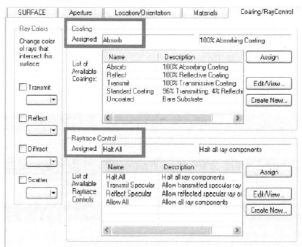

图 12-4　光阑表面的镀膜与光线控制设定

2. 指定表面涂层性质

　　分析的要点是找出多少功率（以及功率的分布）到达了我们的焦平面，这是由在我们的透镜表面之间的镜面反射的现象产生的，这些都不是"设计"路径。举个例子，我们第一个透镜元件内的内部反射可能会到达探测器，我们希望可以量化它的贡献。

　　为了产生鬼像路径，我们的透镜需要有涂层覆盖，这可以让部分入射能量以反射和透的方式传播。默认情况下，导入的透镜表面具有100%透射涂层，将没有任何鬼像产生。我们可以浏览透镜的每一个光学表面，然后给每个表面应用一个非理想的涂层模型，不过 FRED 确实提供了一个界面，使得这一过程变得非常简单。点击 Menu > Edit > Edit/View Multiple Surfaces，该功能可以非常简单地完成多表面深层性质设置如图 12-5 所示。

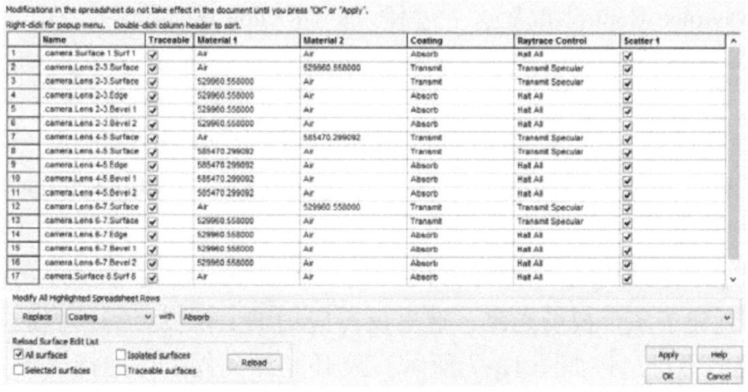

图 12-5　光学属性编辑框

使用该界面以默认的"Standard Coating"替换我们所有的透射表面，该"Standard Coating"允许96%的功率透射和4%的功率反射，默认的"Allow All"光线追迹控制允许光线在一个界面分成反射和透射两个组分。在按下键盘上的"Ctrl"键的同时，选择表格中具有"Transmit"涂层的行，如图12-6所示。

Modifications in the spreadsheet do not take effect in the document until you press "OK" or "Apply".
Right-click for popup menu. Double-click column header to sort.

	Name	Traceable	Material 1	Material 2	Coating	Raytrace Control	Scatter 1
1	.camera.Surface 1.Surf 1	✓	Air	Air	Absorb	Halt All	✓
2	.camera.Lens 2-3.Surface	✓	Air	529960.558000	Transmit	Transmit Specular	✓
3	.camera.Lens 2-3.Surface	✓	529960.558000	Air	Transmit	Transmit Specular	✓
4	.camera.Lens 2-3.Edge	✓	529960.558000	Air	Absorb	Halt All	✓
5	.camera.Lens 2-3.Bevel 1	✓	529960.558000	Air	Absorb	Halt All	✓
6	.camera.Lens 2-3.Bevel 2	✓	529960.558000	Air	Absorb	Halt All	✓
7	.camera.Lens 4-5.Surface	✓	Air	585470.299092	Transmit	Transmit Specular	✓
8	.camera.Lens 4-5.Surface	✓	585470.299092	Air	Transmit	Transmit Specular	✓
9	.camera.Lens 4-5.Edge	✓	585470.299092	Air	Absorb	Halt All	✓
10	.camera.Lens 4-5.Bevel 1	✓	585470.299092	Air	Absorb	Halt All	✓
11	.camera.Lens 4-5.Bevel 2	✓	585470.299092	Air	Absorb	Halt All	✓
12	.camera.Lens 6-7.Surface	✓	Air	529960.558000	Transmit	Transmit Specular	✓
13	.camera.Lens 6-7.Surface	✓	529960.558000	Air	Transmit	Transmit Specular	✓
14	.camera.Lens 6-7.Edge	✓	529960.558000	Air	Absorb	Halt All	✓
15	.camera.Lens 6-7.Bevel 1	✓	529960.558000	Air	Absorb	Halt All	✓
16	.camera.Lens 6-7.Bevel 2	✓	529960.558000	Air	Absorb	Halt All	✓
17	.camera.Surface 8.Surf 8	✓	Air	Air	Absorb	Halt All	✓

Modify All Highlighted Spreadsheet Rows

| Replace | Coating | ∨ | with | Absorb | ∨ |

Reload Surface Edit List
☑ All surfaces ☐ Isolated surfaces [Reload] Apply Help
☐ Selected surfaces ☐ Traceable surfaces OK Cancel

图 12-6 按住"Ctrl"键的同时，选择表格中具有"Transmit"涂层的行

现在我们已经选中了我们希望修改的行，使用对话框中的"Modify All Highlighted Spreadsheet Rows"区域，来替换我们想要的属性。在这种情况下，选择属性类型"Coating"下拉列表，从可用的属性下拉列表中选择"Standard Coating"，然后单击"Replace"按钮。

Modify All Highlighted Spreadsheet Rows

| Replace | Coating | ∨ | with | Standard Coating | ∨ |

3. 指定表面光线追迹控制属性

对于 Raytrace Control 重复这一过程，使用 Allow All 属性。

Modify All Highlighted Spreadsheet Rows

| Replace | Raytrace Control | ∨ | with | Allow All | ∨ |

一旦您已经替换了选定表面的 Coating 和 Raytrace Control，您可以单击"OK"按钮提交更改，返回到文件中，关闭 Edit/View Multiple Surfaces 对话框。

4. 设置光源

结构属性现在支持在透镜元件内产生一阶鬼像，但需要设置光源。按照常规，FRED 创建了多个视场光源，这里仅需应用轴上视场光源，因此可以将离开轴光源设置为不可追迹如图12-7所示。展开光源文件夹，选择树形文件夹中的视场光源 1~5，单击鼠标右键，切换为"Make All NOT Traceable"选项，将这

些光源关闭。

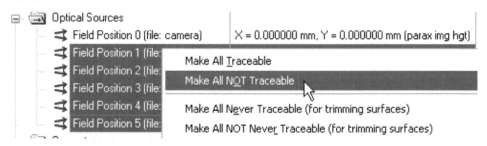

图 12-7   离轴光源设定为不追迹

当追迹非相干的光源时，一个非常好的办法是移除"网格化"的光源。打开格子光源设置对话框如图 12-8 所示，在 Field Position 0 光源上双击，打开它的对话框，然后移动到 Positions/Directions 标签上。注意到 Ray Positions 设置为"Grid Plane"。

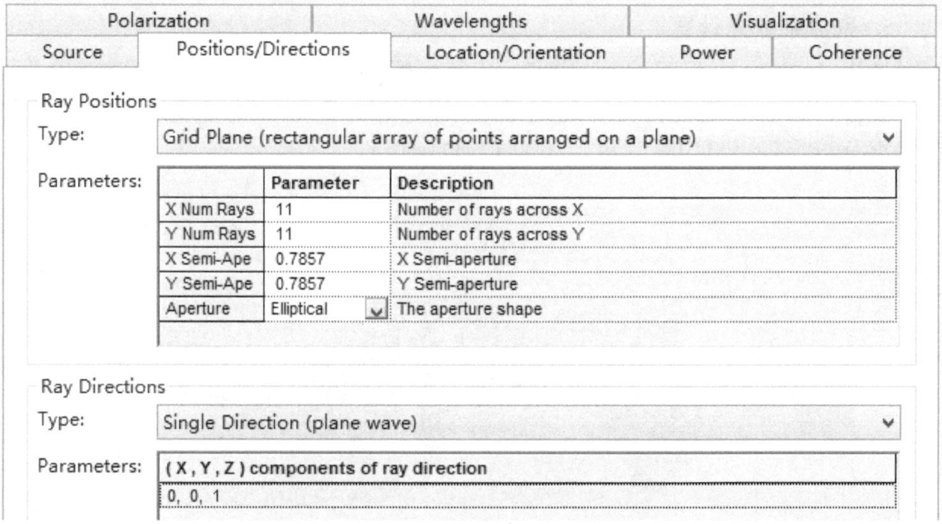

图 12-8   格子光源参数设定对话框

使用非相干光源时，具有网格位置和方向规格会导致计算出的能量分布（光源网格与分析网格重叠）产生混叠效应。为了去除这种现象发生的可能性，我们改变了光线位置类型，从原本的 Grid Plane 变为 Random Plane，同时保持相同的孔径大小和形状如图 12-9 所示。

根据上面的描述改变了您的光源光线位置规格后，单击"OK"按钮接受这些变化，关闭对话框。

Polarization		Wavelengths		Visualization	
Source	Positions/Directions		Location/Orientation	Power	Coherence

Ray Positions

Type: Random Plane (random points arranged on a plane) ∨

Parameters:

	Parameter	Description	
Num Rays	10000	Total number of random ray positions	
X Outer Semi-Ape	0.7857	X outer semi-aperture of the plane surface	
Y Outer Semi-Ape	0.7857	Y outer semi-aperture of the plane surface	
X Hole Semi-Ape	0	X inner hole semi-aperture of the plane surface	
Y Hole Semi-Ape	0	Y inner hole semi-aperture of the plane surface	
Shape	Elliptical	The aperture shape of the plane surface	∨

Ray Directions

Type: Single Direction (plane wave) ∨

Parameters: (X , Y , Z) components of ray direction
0 , 0 , 1

图 12-9 将格子光源替换为随机光源

5. 鬼像杂散光计算

使用 Analysis 下拉的 Stray Light path report 计算在探测器上的光线路径及鬼像的能量,其中 0°视场情况下的鬼像追迹图如图 12-10 所示。此外杂散光和鬼像数据分析报告也可以被导出,如图 12-11 所示。

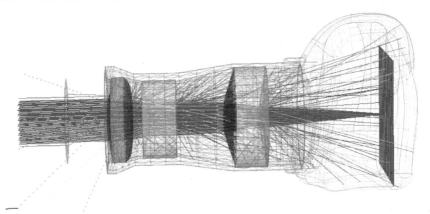

图 12-10 0°视场情况下的鬼像追迹图

鬼像产生的总能量是 0.00665;每一个产生的鬼像路径,可以通过追迹每一个路径来获取其光线轨迹。此外,可以通过光线过滤器的方法获得鬼像的能量分布。只保留鬼像能量的方法是我们采用高级光线追迹,统计光线追迹路径,路径 0 对应正常路径,其余的路径均是非成像路径,并指定光线到探测器上,如图 12-12 所示。

按住键盘上的"Alt"键并在辐照度图上画矩形小格子(黑色的框图),可以清楚地知道哪些路径起主要作用(热点),然后定位这些路径(见图 12-13),

就能知道哪些元件起主要影响。也可以选取某个特定的路径，来分析这一路径上经过哪些元件如图 12-14 所示。

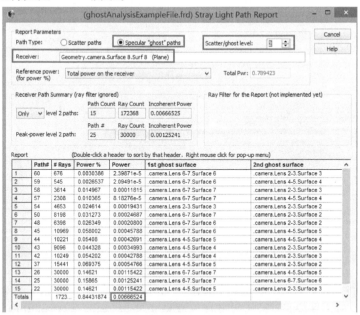

	Path#	# Rays	Power %	Power	1st ghost surface	2nd ghost surface
1	60	676	0.0030386	2.39871e-5	.camera.Lens 6-7.Surface 6	.camera.Lens 2-3.Surface 3
2	59	545	0.0026537	2.09491e-5	.camera.Lens 6-7.Surface 6	.camera.Lens 4-5.Surface 4
3	58	3614	0.014967	0.00011815	.camera.Lens 6-7.Surface 7	.camera.Lens 2-3.Surface 3
4	57	2308	0.010365	8.18276e-5	.camera.Lens 6-7.Surface 7	.camera.Lens 4-5.Surface 4
5	54	4653	0.024614	0.00019431	.camera.Lens 2-3.Surface 3	.camera.Lens 2-3.Surface 2
6	50	8198	0.031273	0.00024687	.camera.Lens 6-7.Surface 7	.camera.Lens 2-3.Surface 2
7	48	6398	0.026349	0.00020800	.camera.Lens 6-7.Surface 6	.camera.Lens 2-3.Surface 2
8	45	10969	0.058002	0.00045788	.camera.Lens 6-7.Surface 6	.camera.Lens 4-5.Surface 5
9	44	10221	0.05408	0.00042691	.camera.Lens 4-5.Surface 5	.camera.Lens 4-5.Surface 4
10	43	9096	0.044328	0.00034993	.camera.Lens 4-5.Surface 4	.camera.Lens 2-3.Surface 2
11	42	10249	0.054202	0.00042788	.camera.Lens 4-5.Surface 4	.camera.Lens 2-3.Surface 3
12	37	15441	0.069375	0.00054766	.camera.Lens 4-5.Surface 5	.camera.Lens 2-3.Surface 2
13	26	30000	0.14621	0.00115422	.camera.Lens 6-7.Surface 7	.camera.Lens 4-5.Surface 5
14	25	30000	0.15865	0.00125241	.camera.Lens 6-7.Surface 7	.camera.Lens 6-7.Surface 6
15	22	30000	0.14621	0.00115422	.camera.Lens 4-5.Surface 5	.camera.Lens 2-3.Surface 3
Totals		1723...	0.84431874	0.00666524		

图 12-11　杂散光与鬼像报告

Num	Operation	Description
1	AND	Rays on surface "Geometry.camera.Surface 8.Surf 8"
2	AND	Rays NOT on ray path 0

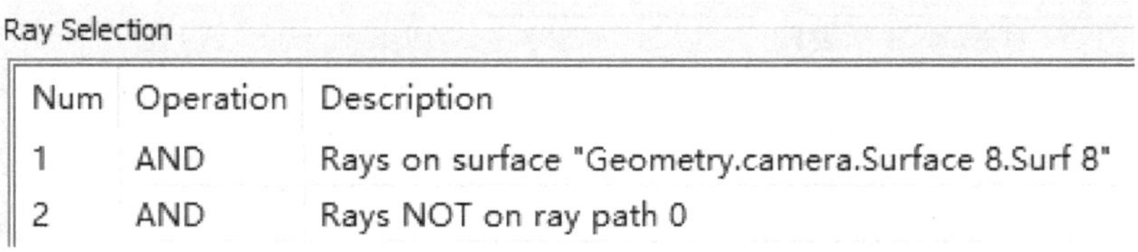

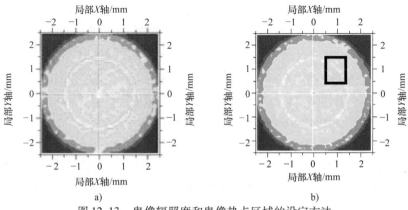

图 12-12　光线过滤器的设定方法（只保留鬼像能量）

图 12-13　鬼像辐照度和鬼像热点区域的设定方法

a）鬼像辐照度的设定方法　b）鬼像热点区域的设定方法

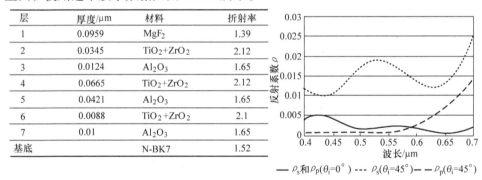

Path Num	Power	Ray Coun
25	0.000147	3828
22	0.000103	2677
24	7.520e-5	1798
43	3.204e-5	904
42	2.686e-5	643
40	2.667e-5	639
41	2.236e-5	581
44	2.151e-5	515

图 12-14　单独提取出某一路径所经过的元件

可以通过镀制 AR 增透膜消除鬼像。AR 膜层可以使用国际上著名的薄膜设计软件 Essential Macleod 来进行设计，其输出数据格式 . CSV 可以导入到 FRED 里面，使用这个膜系数据如图 12-15 所示。

层	厚度/μm	材料	折射率
1	0.0959	MgF_2	1.39
2	0.0345	TiO_2+ZrO_2	2.12
3	0.0124	Al_2O_3	1.65
4	0.0665	TiO_2+ZrO_2	2.12
5	0.0421	Al_2O_3	1.65
6	0.0088	TiO_2+ZrO_2	2.1
7	0.01	Al_2O_3	1.65
基底		N-BK7	1.52

—— ρ_s 和 $\rho_p(\theta_i=0°)$ --- $\rho_s(\theta_i=45°)$ —— $\rho_p(\theta_i=45°)$

图 12-15　膜系数据［源自《Stray Light Analysis and Control》（杂散光分析与控制）一书］

将图 12-15 中的膜系数据应用于镜头中各透镜表面，鬼像的能量已经降低到了 0.00013909，如图 12-16 所示。

6. 表面粗糙和表面涂黑的散射模型处理

图 12-17 为该相机完整的杂散光分析模型，包含：①成像光学元件；②镜筒；③机体。为了更接近实际相机的杂散光模型，为折射光学表面增加粗糙度，赋予 Harvey - shack 散射模型，表面粗糙度为 20Å。图 12-18 为 Harvey - shack BSDF 曲线。对非光学表面赋予 Aeroglaze Z306 散射模型，TIS = 2%，黑漆 Aero-

	Path#	# Rays	Power %	Power	1st ghost surface	2nd ghost surface
1	64	3809		2.98965e-6	.camera.Lens 6-7.Surface 7	.camera.Lens 2-3.Surface 3
2	63	2316		1.83623e-6	.camera.Lens 6-7.Surface 7	.camera.Lens 4-5.Surface 4
3	62	622		4.93982e-7	.camera.Lens 6-7.Surface 6	.camera.Lens 2-3.Surface 3
4	61	485		3.88480e-7	.camera.Lens 6-7.Surface 6	.camera.Lens 4-5.Surface 4
5	48	4843		3.91666e-6	.camera.Lens 2-3.Surface 3	.camera.Lens 2-3.Surface 2
6	42	8492		6.59785e-6	.camera.Lens 6-7.Surface 7	.camera.Lens 2-3.Surface 2
7	29	30000		2.40173e-5	.camera.Lens 6-7.Surface 7	.camera.Lens 4-5.Surface 5
8	28	30000		2.42593e-5	.camera.Lens 6-7.Surface 7	.camera.Lens 6-7.Surface 6
9	27	6425		5.01119e-6	.camera.Lens 6-7.Surface 6	.camera.Lens 2-3.Surface 2
10	24	11125		8.99595e-6	.camera.Lens 6-7.Surface 6	.camera.Lens 4-5.Surface 5
11	23	15360		1.21765e-5	.camera.Lens 4-5.Surface 5	.camera.Lens 2-3.Surface 3
12	22	30000		2.40173e-5	.camera.Lens 4-5.Surface 5	.camera.Lens 2-3.Surface 3
13	21	10417		8.42829e-6	.camera.Lens 4-5.Surface 5	.camera.Lens 4-5.Surface 4
14	20	9388		7.51502e-6	.camera.Lens 4-5.Surface 4	.camera.Lens 2-3.Surface 2
15	19	10444		8.44648e-6	.camera.Lens 4-5.Surface 4	.camera.Lens 2-3.Surface 3
Totals		1737...		0.00013909		

图 12-16　鬼像报告

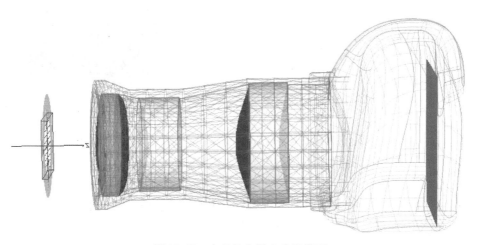

图 12-17　完整的杂散光分析模型

glaze Z306 BSDF 曲线如图 12-19 所示。

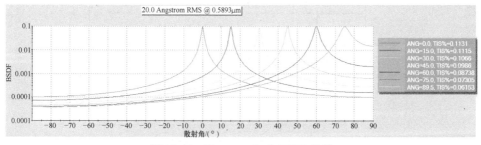

图 12-18　Harvey – shack BSDF 曲线

基于图 12-17 这个模型，计算包含杂散光和鬼像的辐照度图如图 12-20 左图

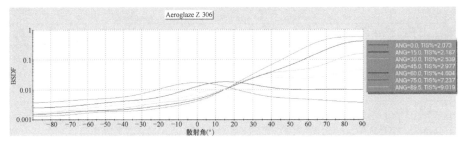

图 12-19　黑漆 Aeroglaze Z306 BSDF 曲线

所示，以及杂散光的能量分布如图 12-20 右图所示。

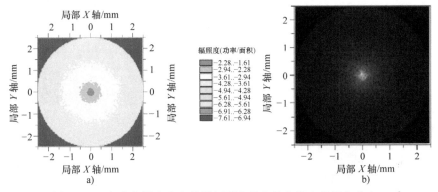

图 12-20　包含杂散光和鬼像的辐照度分布及杂散光的颜色分布

a）包含杂散光和鬼像的辐照度分布　b）杂散光的颜色分布

7. PST 计算

点源透射率（PST）是离轴角为 θ 的点光源经光学系统在像面上产生的辐照度 E_{SL} 与该点光源位于轴上时产生的辐照度 E_{inc} 的比值，用来评价杂散光抑制。FRED 内置的脚本库可以非常方便地执行 PST 计算，省去了冗杂的设置不同的视场光源及光源角度采样问题。图 12-21 为系统包含鬼像、表面粗糙及表面涂黑处

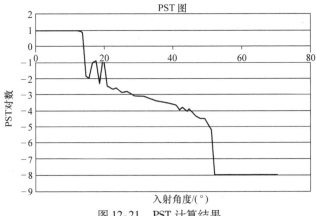

图 12-21　PST 计算结果

理的杂散光的抑制情况。计算时为了方便，通常把入射辐照度归一化为 1。

$$PST = \frac{E_{SL}}{E_{inc}}$$

8. 确定一次散射和关键面

各散射面对杂散光贡献的重要性不一致，那些最重要的少数散射面是需要重点进行修改的。首先，追踪杂散光的系统中，找到杂散光照射的表面，成为照明面，杂散光分布的三维点图如图 12-22 所示。其次，从像方向反向追迹光线，那些经过镜面反射或折射照射的表面成为关键表面。

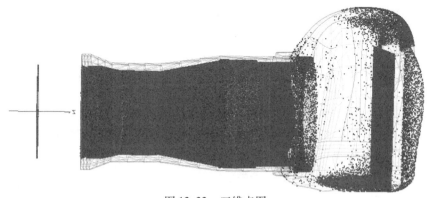

图 12-22　三维点图

通过 FRED 内置的脚本语言，可以快速找到起主要作用的一次散射面。不同照明面的杂散光分析报告如图 12-23 所示。

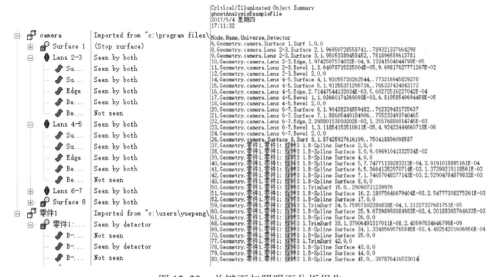

图 12-23　关键面与照明面分析报告

12. 2. 3　总结

1）对于高级鬼像路径，可以在光线追迹控制里面在 Ancestry Level Cutoff 中将 Specular 改为 4，6，8…，可以查看高级鬼像。

2）对于高阶散射路径，可以在光线追迹控制里面 Ancestry Level Cutoff 更改 Scatter 值，对于杂散光路径一般可以分析到 2 阶。

3）FRED 可以通过设定重点采样技术来提高光线收敛速度。

4）63 核 CPU 多线程运算和分布式计算能力可以加快光线追迹效率。

5）使用 FRED 的高级优化功能，通过正向和反向追迹技术，可以实现对外视场杂散光的优化。

12. 3　基于 FRED 优化导光管实现预定的辐照度分布

导光管可以调控光源在目标面上的辐照度分布，利用 FRED 优化功能优化导光管的形状使其在目标面上产生特定的辐照度分布。要优化的模型是 PMMA 导光管，通过设置变量控制导光管的形状的优化，评价函数是当前辐照度和理想辐照度之差，通过用户自定义脚本设定。

1. 系统参数

将要使用到的导光管的初始模型如图 12-24 所示。

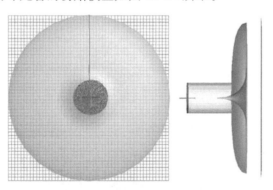

图 12-24　导光管正/侧面图

如图 12-25 所示，导光管的两个表面都是由 2 阶 NURBS 曲线旋转构成。优化过程用到某些控制点的坐标和权重作为变量，在优化过程中改变导光管的形状。如图 12-25 所示，实心点是在优化过程中将要改变的控制点。

导光管的一端设有平面随机点光源，在初始状态下，分析面上的辐照度分布如图 12-26 所示。

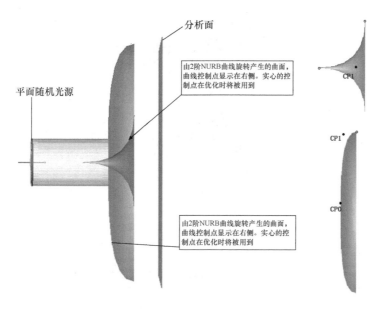

图 12-25 导光管侧面视图，实心点（CP0，CP1）是将要在优化中修改的控制点

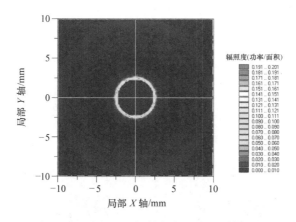

图 12-26 分析面上初始状态下的辐照度分布

优化以后想要得到的辐照度分布如图 12-27 所示。

为了能够得到理想的辐照度分布，这里需要设定一个额外的理想光源，然后直接使用这个光源产生的辐照度分布作为目标辐照度分布。

2. 优化变量

前面提到过，可优化的参数是几个控制点的位置和权重，这些控制点定义了导光管的表面形状。表 12-1 列出这些变量的设置范围及权重，在 FRED 中的路径 Menu→Optimize→Define/Edit，对变量的优化范围、权重及步长进行设置。

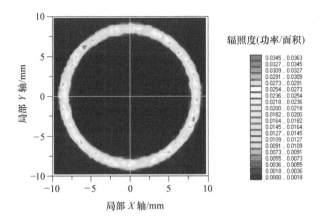

图 12-27　优化后想要得到的辐照度分布

表 12-1　优化变量的范围与权重

变量	下限	上限	分步
Geometry. shell. Curve1			
CP0 Z 位置	−4	1	0.5
CP1 Y 位置	0	10	0.5
CP1 权重	0	2	0.5
Geometry. TIRSurf. Curve2			
CP1 Y 位置	0	4	0.5
CP1 Z 位置	−4	0	0.5
CP1 权重	0	2	0.5
CP2 Z 位置	−4	0	0.5

3. 优化结果

使用全部变量 20 次迭代优化 3 次后的导光管输出分布和理想的分布之间对比如图 12-28 所示。

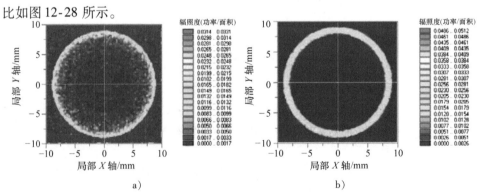

a)　　　　　　　　　　　　b)

图 12-28　迭代 20 次优化 3 次之后的辐照度分布与理想分布的对比
a）迭代 20 次优化 3 次后的辐照度分布　b）理想辐照度分布

12.4 基于 FRED 最大激光能量密度位置计算及可视化

在激光损伤测量或等离子点火研究及应用中，特别是在光的非线性效应这种现象中，定位和预测最大能量密度的位置是非常重要的。研究人员经常受限于反复的试验费时费力。有人会倾向于认为当光斑尺寸最小时将会出现最大能量密度。然而，事实上经常会出现最佳几何焦点所在的平面与达到最高能量密度所在的平面是不一致的，本节将通过 FRED 来验证这个事实。

12.4.1 聚焦 TEM_{00} 模式的能量密度可视化

考虑一个来自氦氖激光器的 TEM_{00} 光束，入射到一个双凸球面透镜上，其中束腰也位于透镜上。在图 12-29 中，FRED 的可视化视图显示（Show in Visualization View）功能用来显示附加在光源分析面上的能量密度计算（探测器分辨率 81×81）。

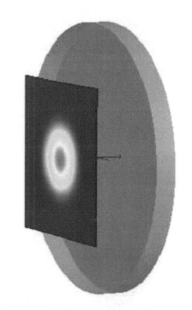

因为 FRED 对分析面的方向没有任何限制，所以可以计算沿传播方向上的自由空间的能量密度。通过检查焦点周围的区域将会得到一些有趣的发现。通过创建第二个分析面、绕 Y 轴旋转 $90°$ 然后重置窗口 X 限制的值，可以完成在这个区域上的计算。需要设置分析面上的光线规格，只有像平面上的光线才可以用于计算。图 12-30 显示了光线网格，它定义了追迹穿过透镜到达成像面

图 12-29 入射到双凸透镜元件上 TEM_{00}
激光光束的能量密度计算

的光源。在图 12-30 中出现了超过 $600\mu m$ 的能量密度计算侧视图，图 12-31 显示了最大能量密度的位置，这个可以从 FRED 输出窗口中的数据栏中得到（见图 12-32）。基于光线追迹，FRED 的最佳几何焦点（Best Geometric Focus）计算与纵向能量密度（Longitudinal Energy Density）计算输出相同的结果，在给定的解析度下达到一个像素以内。

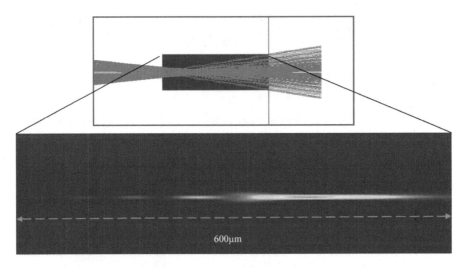

图 12-30 代表激光光束的光线通过透镜时被追迹。在沿着传播方向的焦点周围区域
计算能量密度，并显示在三维几何视图中

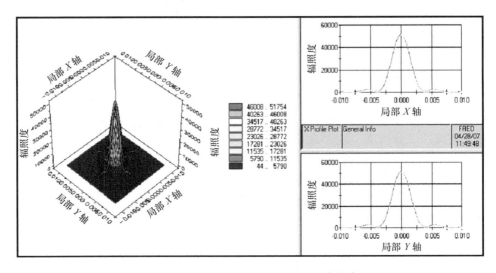

图 12-31 最大能量密度平面上的光束轮廓

12.4.2 聚焦的"非高斯"能量密度可视化

在 FRED 详细光源（Detailed Source）对话框中的功率选项卡中选择高斯切趾（Gaussian Apodization）类型时，会发现在 FRED 中提供高阶 Hermite 和 Laguerre 模式（见图 12-33）。Hermite 指数参考光源的局部 X 及 Y 模式，Laguerre

```
ENERGY DENSITY DISTRIBUTION:                            (msquared_beam.frd)
 2.958653 sec total time


                                        # Rays
                         # Rays         Not Included
Ray Type                 Included       (Errors)              Time (sec)
Incoherent:              0              0                     0
Coherent Unpolarize      0              0                     0
Coherent Polarized:      349            0                     2.957894

Totals                   349            0                     2.957894

Length units are:        mm

Integrated Power:             0.232576  (over the entire analysis area)
Total Average Energy Density: 1.938137  (over the entire analysis area)
Valid Average Energy Density: 1.938137  (over non-zero (valid) pixels only)

Min/Max                  Energy Density      X                Y
Maximum:                 51765.73            19.50331         -1.30e-17
Minimum:                 5.02e-17            19.10198         0.098039
```

图 12-32　在 FRED 的输出窗口中的数据栏中显示了最大能量密度的位置。请注意在分析面的
　　　　　局部坐标系统的 X 轴方向对应的是全局坐标的 Z 轴方向

指数则参考径向和方位模式。

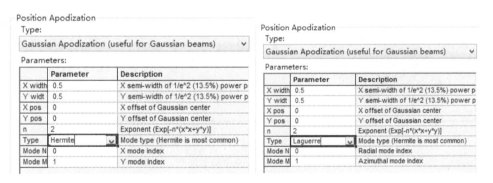

图 12-33　显示模式类型选项的光源功率标签现在已经可用

　　作为高阶模式的一个有趣的例子，它考虑了由 5 个 Laguerre 模式组成的
Siegman 的 "非高斯"。虽然由这个混合模式产生的空间分布与 TEM_{00} 模式很接
近，但是它的传播明显不同。图 12-34 显示了在 FRED 中计算的单模剖面，通过
给每个模式分配不同的波长；图 12-35 显示了这 5 种模式的非相干组合。

　　图 12-36 显示了单个模式连同它们的非相干组合的纵向能量密度计算。请注
意在最大能量密度位置与几何体最佳焦点之间有 116μm 间隔。

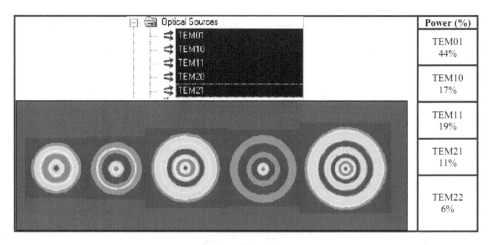

图 12-34　在 FRED 新的光源对话框中模拟的 Laguerre 模式：
TEM_{01}、TEM_{10}、TEM_{11}、TEM_{20}、TEM_{21}

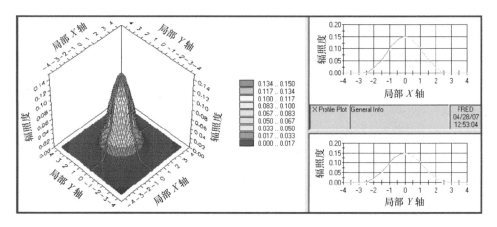

图 12-35　非高斯：首例 5 种
Laguerre 模式的非相干结合

　　图 12-37 和图 12-38 的辐照度显示了一些有趣的特征。这两幅图的峰值辐照度的差异接近 2 倍，图 12-37 中的最大能量密度的 FWHM 只比先前部分的 TEM_{00} 模宽 20%，最佳焦点显示在图 12-38 中，另一方面，FWHM 是 TEM_{00} 模的 2.75 倍宽，并显示出一个明显的中心低谷。

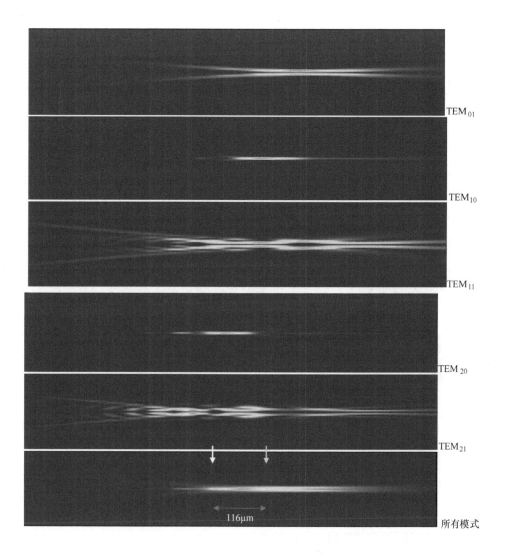

图 12-36　TEM_{01}、TEM_{10}、TEM_{11}、TEM_{20}、TEM_{21} 以及非相干组合的纵向能量密度。白色的箭头指向的是最大能量密度的位置，深色的箭头指向的是最佳几何焦点的位置

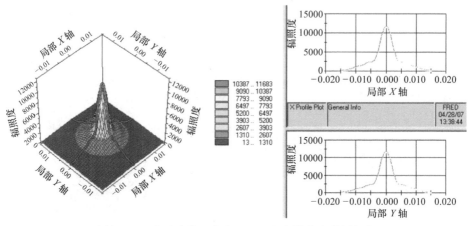

图 12-37 在最大能量密度平面上的多模光束的辐照度

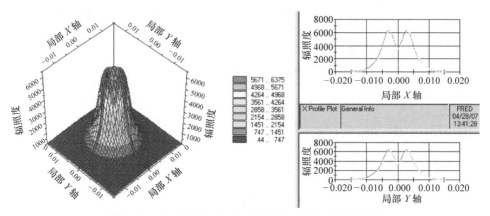

图 12-38 在几何体最佳焦点平面的多模光束的辐照度

参 考 文 献

[1] http：//www. infotek. com. cn/html/17/.

[2] https：//photonengr. com/.

附：了解 FRED 的相关使用与案例可以扫描二维码：